A Comprehensive Guide to the Most Despised (and Least Understood) Creature on Ear

ゴキブリ大全

The COMPLEAT Cockroach

デヴィッド・ジョージ・ゴードン
David George Gordon

松浦俊輔 訳

青土社

ゴキブリ大全

もくじ

ゴキブリ大全

最初に書くことを勧めてくれ、誰にでも良いところを見つけることを教えてくれたロザリーに捧げる。

謝辞

この本は、多くの人々——昆虫学者、病害虫防除専門家（ペストコントロール）、心理学者、映画製作者、小説家、歴史家、芸術家、私の親友——の知識の集大成である。

中でも特に、昆虫学に関することで助言を与えてくれた、フェアリーディキンソン大学のアイヴァン・ヒューバー博士、数多くのつまらない疑問に辛抱強く答えてくれた、ハーバード大学の比較動物学博物館のルイス・ロス博士に感謝する。他の分野の専門家の方々も、専門家としての意見を惜しみなく与えてくれた。カンザス大学のウィリアム・ベル、イリノイ大学シャンペーン＝アーバナ校のメイ・ベーレンバウム、バージニア工科大学のドナルド・コクランとメアリー・ロス、ジャージーシティにあるリバティー科学センターのベティー・フェーバー、レンヌ大学のフィリップ・グランコラ博士、フロリダ大学のフィル・ケーラー、ケンタッキー大学のアラン・ムア、カリフォルニア大学リバーサイド校のマイケル・ラスト、ノースカロライナ州立大学のコビー・シャルとクリスティン・ナレパ、アイオワ大学のバーバラ・ステイ、パーデュー大学のダン・シューター、アメリカ魚類・野生動物庁西インド諸島支部のスーザン・シランジャー。以上の方々のご協力に感謝する。

また、文化的な情報や、世話や給餌の方法に関しては、とてもこの紙面上では感謝しきれないほど非常に多くの方々が貢献してくれた。クレイグ・アンダーソン、ジェリー・ベック、ジュディス・ボウズ、シャロン・コルマン、スチュアート・フラートン、スチュアート・ゴードン、マーク・コースラー、スティーブ・カッチャー、アート・エヴァンズ、リチャード・レスコスキー、ゲイル・マニング、ステファン・ルティラン、メアリー・マッコイ、ランディー・モーガン、デイブ・ニッケル、スティーブ・パーチル、スティーヴン・パシャルスキー、ゴードン・ラメル、シャノン・ウィリアムズ、ジョン・ウォーターズ、エリザベス・ワトスンといった方々がいる。助言してくれたすべての方々に心より感謝する。

そして、この本の六本足の生き物に限りない愛情を持つすばらしい編集者、マライア・ベアに、友人でありゴキブリの脚の毛までそっくりに描くことのできるイラストレーター、ジム・ヘイズに感謝する。この『ゴキブリ大全』は、カースティー・メルヴィルによる構想、キャサリン・ジェイコブズによるすばらしいデザイン、ビッグ・フィッシュ社のジョン・ミラーによる素敵なカバー、私のエージェントであるアン・ドゥピュのねばり強さ、妻マリ・マレンの変わらぬ信頼なしには存在しなかっただろう。

最後に、ゴキブリたちすべてに感謝したい――彼らは、私たちの方が優れているわけではないこと、私たちは決して孤独ではないことに思いいたらせてくれたのだ。

できそこないがしあわせでいられるのは
じぶんができそこないだとはきづかないから
ごきぶりはみんなじぶんをちょうのようにうつくしいとおもっている
わかってあげてわかってあげて
あいつらにゆめをみさせておこう

——ドン・マーキス『あーちーとめひたべる』より、「アーチグラムズ」

序論

一九九五年の夏、宅配便が一つ届いた。中身は、店で売っているカッテージチーズが入っているパックのような、丸いプラスチックの容器だった。容器の中には断熱材が敷いてあり、茶色い、革のような体をした昆虫が、五匹入っていた。大きいものは、ゆうに一〇センチはあった。

それは、そこらへんにいるようなゴキブリではなかった。マダガスカルゴキブリ、それも黒光りする脚と、ぴくぴく動く触覚をもつ、若々しい成虫だった。私はすっかり心を奪われてしまった。

マダガスカルゴキブリの箱といっしょに、友人のクレイグ・アンダーソンからのメモが入っていた。クレイグは、ミネアポリスで「無脊椎動物のふしぎ(スパインレス・ワンダーズ)」という移動昆虫園を設立した人物である。メモには、「いっしょに暮らして彼らの生き方を知ってください」とあった。

この大事件の日以来、私はゴキブリと暮らしている。五匹のマダガスカルゴキブリ(現在は仕事場で容積六〇リットルの飼育器で飼っている)ばかりでなく、自分で買ったキッチン用のゴキブリ形マグネット、ゴキブリTシャツやビデオなどといっしょに暮らしてきた。もちろん、害虫駆除に関する業界誌や、大きさの違う四種類のゴムのゴキブリ、ゴキブリ人形、エナメル塗りの「ゴキブリ横断中」の標識も手に入れた。あらゆるバージョンの「ラ・クカラチャ」〔メキシコ民謡。ゴキブリの意〕を聞き、家で観た、虫の出てくるすさまじいホラー映画の数は限りない。

私はワシントン大学の自然科学図書館で、膨大な時間を費やし、昆虫学の紀要、会報、雑誌、報告書を探した。中には一八二〇年代の文献もあった。有益な情報のあるページをいちいちコピーして、それを後々のためにファイルして——時々、自然についてものを書いているというより、事務員になったような気がしたりした。

この段階が終わってから、集めた大量の紙の重さを計ってみると、二〇キロ近くにもなった。本は入っていない。ロス&ウィリス『ゴキブリの群集』(*Biotic Associations of Cockroaches*)や、P・B・コーンウェルの『ゴキブリ——実験用昆虫、産業の害虫』(*The Cockroach: A Laboratory Insect and Industrial Pest*)といった本を愛蔵している人もいるが、こんな題名の本で、私の本棚は二つがいっぱいになった。

私は世界中のゴキブリ研究者と話をした。野外研究をしている人や害虫駆除技師、大学教授など、私の六本脚の研究対象物のことに詳しい人に手当たり次第インタビューをして回ったのだ。インターネット上のニュースグループも、いくつか騒がせ、それでも何とかオーストラリア、南アフリカ、フランスの専門家ともコンタクトがとれた。映画『ヘアスプレー』のサウンドトラックや、ゴキブリに関係する歌のCDも買った。メキシコ製の、真鍮でできた小さなゴキブリのお守りを身につけるようにもなった。

私のマダガスカルゴキブリ——エステル、リチャード、ボニー、サリー、ルイス——は、もう何度か脱皮を繰り返している。五匹のスースーという鳴き声も耳になじんだし、娘のジュリアも私も扱いに熟練してきた。吸収できた生データをすべて集積して、あとは本書、『ゴキブリ大全』を書くだけになった。

この標題には、三つの突飛な主張が含まれている。一つは、この本は「大全」だということ——この情報化時代の幕明けの時期に本気でこんな言葉を使う人はいない。もちろんこの本は完全(コンプリート)ではない。しかし「大全(コンプリート)」なのは確かだ——初版ならどんな汎用の参考書と比べても負けないくらい、網羅し整理してある。ゴキブリについて何かご存じで、この版に載っていないことがあれば、ぜひ出版社気付で知らせていただきたい。改訂版に載せるようにしたい。

ゴキブリは地球上で最も嫌われる生き物だろうか。確かにそうだ。P・B・コーンウェルは、著書の冒頭にこう書いている。「ゴキブリはおそらく、人間の知っている中で最も不快な昆虫だろう」。

コーンウェルの意見は明らかに、コーネル大学で教鞭を取って二六年の昆虫学教授、グレン・W・ヘリックにも見られる。「ゴキブリは存在することだけで、そして何にでも入り込む気持ち悪さによって、非常に嫌悪感をもよおさせる」。一九一四年に出版されたその著書『家庭を害し、人を煩わせる昆虫』(*Insects Injurious to the Household and Annoying to Man*)に、そう書かれている。

まだ納得がいかないなら、「害虫駆除(ペストコントロール)」誌の一九八二年三月号を見ればいい。そこには次のような一節がある。

> 一九八一年、アメリカ魚類・野生動物庁が、三七〇〇人の大人を対象に調査したところ、アメリカ人が最も嫌いな生き物はゴキブリで、次いで蚊、鼠、蜂、ガラガラ蛇、コウモリという結果が出た。調査では、アメリカ人が動物関連の知識に乏しいことも明らかになった。過半数の解答者

が、蜘蛛の脚は一〇本で、イグアナは昆虫だと思っていた。
また、「サイエンティフィック・アメリカン」誌の一九九四年七月号には、こんな記事が載っている。

「アメリカの消費者は昨年、ゴキブリ用殺虫剤を購入するのに二億四〇〇〇万ドルかけた」

自分はゴキブリをどう思っているか考えてみよう。名前を聞くだけでぞっとするだろうか。素手でゴキブリを殺すのも平気だろうか。あまり話題にしたくないだろうか。

では、地球上で最も理解されていない生物として生きるというのは、どんなものだろうか。いろいろな雑誌の記事があることは先に述べた。文字どおり、記事は山ほど出ている。ゴキブリの体の構造、生理機能、行動について書かれた厚い本も一〇冊ははるかに超える。ところが悲しいかな、だいたいどの文献も、害虫とされている一握りの種をめぐる話に集中している。ワモンゴキブリ、チャバネゴキブリ、トウヨウゴキブリ、チャオビゴキブリ、クロゴキブリなど、そこらじゅうでよく見る種類のことなら、よく知られている。しかしそれ以外の同じく家にいる害虫とされる二〇種についての我々の知識は、極端に少ない。そして、最新の調査によると三五〇〇種という、膨大な種類がいるゴキブリの大多数を占める害虫ではないゴキブリのこととなると、ほとんど無知に等しい。

つい最近まで、これらの野生ゴキブリは、我々にとってあまり意味のある存在ではなかった。それは逆にいえば、彼らは熱帯雨林での意味のある暮らしを誰にも邪魔されずに営んできたということである。彼らは人間と何の関わりも持たずに立派に生きてきたし、きっとこれからもそうでありたいと思っていただろう。しかし何世紀も無視され続けた末に、世界の森林やこれらの不可欠な生態系の秘密を知ろうとする人々によって、ようやく今、わずかながらも数種類のゴキブリが研究され始めている。

そうする中で、我々はゴキブリを新しい見方で見るようになってきている。憎むべき害虫ではなく、年を経た生命体として――その祖先は今の大陸ができたときにもそこにいて、恐竜の誕生と絶滅を見届け、それに代わって、敏捷なチンパンジーに似た霊長類が、家にいるゴキブリの最悪の敵にして親友でもあるホモ・サピエンスに変わるのを、その目で見てきた。

ゴキブリは頭がよく、働き者で、身だしなみにこだわる生き物である――そんなゴキブリの二、三匹が身近にいてもいいではないか。もちろん、いくら私のようにゴキブリに心を奪われた人でも、特に家にいる害虫とされる種が切実な苦痛をもたらす虫だということはわかる。何年も前にシカゴに住んでいたころ、私の借りた賃貸アパートはどこも、契約書に「ゴキブリがいる」ことを明文化してあった。何百万人ものアメリカ人がゴキブリに関係するアレルギーに悩んでおり、証明こそされていないが、ゴキブリがさまざまな病気を運ぶ役割をしているのではないかと考えられている。

害虫の群れから救われたいと思う人たちに安心してもらうために、この本には最新のゴキブリ退治に関する情報も入れた。この情報は、毒性の一番少ない方法から始まり、だんだんきついやり方になるように記してある。絶えることなく生きつづけてきた何千種もの野生種のゴキブリを、そして我々自身をも守るため、読者諸氏には、最も環境に優しい駆除方法――人間や動物に与える可能性のある害が最小限になるもの――を選び、毒性のあるきつい薬品は、あくまで最後の手段として散布してほしい。

私が書いたこと、私が参照した科学者や観察者の言葉を読めば、地球で最も忌み嫌われている生き物である、我が友ラ・クカラチャのことがもっとよくわかり、好きになれると思う。そうしてこそ人ははじめて、この生き物――地上で最も古い、最も成功を収めた生物との、意味のある平和な関係を築くことができるのだ。

第一部　ゴキブリの基礎知識

1　ゴキブリとは何か

ゴキブリ〔コックローチ〕の体は平べったい卵形で、頭部は下を向き、触角は長く、ほとんどの種には二対の翅がある。外熱(冷血)無脊椎動物であり、軟骨や硬骨から成る背骨などの、体を内から支えるものはない。ゴキブリは地球上の生物の中でも、歴史の長さ、種類の豊富さ、繁栄の度合いという点では屈指のグループ——つまり昆虫に属している。

昆虫はこの地球で有力な生命体であり、およそ四億年前の化石にも、はっきりとその姿を見せている。また、それが占める生態的地位は、焼けつくような砂漠や煮えたぎる温泉から、雪に覆われた山や極寒のフィヨルドにいたるまで、驚くほどの範囲に広がっている。昆虫は、植物の花粉を媒介したり、捕食の対象になったり、栄養分をリサイクルしたりして、共存する上で必須の成分となっている。仮にすべての昆虫が突然姿を消してしまったら、何十万という種の脊椎動物や植物は、すぐに絶滅してしまうだろう。

世界の食糧資源をめぐって人間と直接競合しているのも昆虫だけである。農業害虫として、都市の厄介者として、マラリアなど、生命を脅かすような病気の媒介として、昆虫は恐るべき対抗勢力となっている。

今これを書いている段階で、昆虫学者は一〇〇万種を超える昆虫を確認している。この数字は、実際にいる昆虫の種のごく一部であり、大多数は、いまだ捕獲、分類、命名されていないと考えられている。

主要な特徴

ゴキブリなどのすべての昆虫は、骨格をからだの外側にまとっている。この骨格は、キチン質という丈夫な多糖類でできた、厚さはどこも一〇〇ミクロン――ほぼ人間の髪の毛の太さ――しかない「殻」である。この殻は、目まで含めて、からだ全体を覆っている。また、中世の騎士の鎧のような継ぎ目があり、脚の動きを容易にしている。

ぶりきの鎧とはちがって、ゴキブリのキチン質の覆いはきわめて軽い。あらゆる昆虫は、人間よりも数多くの筋肉をもち（人間には七九二の筋肉があるが、バッタには九〇〇の筋肉がある）、体の内側についた筋肉のすぐれた梃子の力を利用して、それぞれ平均すると自分の体重の二〇倍以上のものを引っ張ることができる。

ゴキブリなどの昆虫のからだは、頭部、胸部、腹部の三つの部分から成る。ほとんどすべての種において、頭部は盾に似た前胸背板で完全に覆われている。前胸背板はキチン質の凸状の板で、特有の模様や色がついている場合が多い。この前胸背板の最後部はまた、二対の翅がついている部分も覆っている。

ゴキブリのすべての種に翅があるわけではない。完全に翅のない種もあるし、お飾り程度に小さな

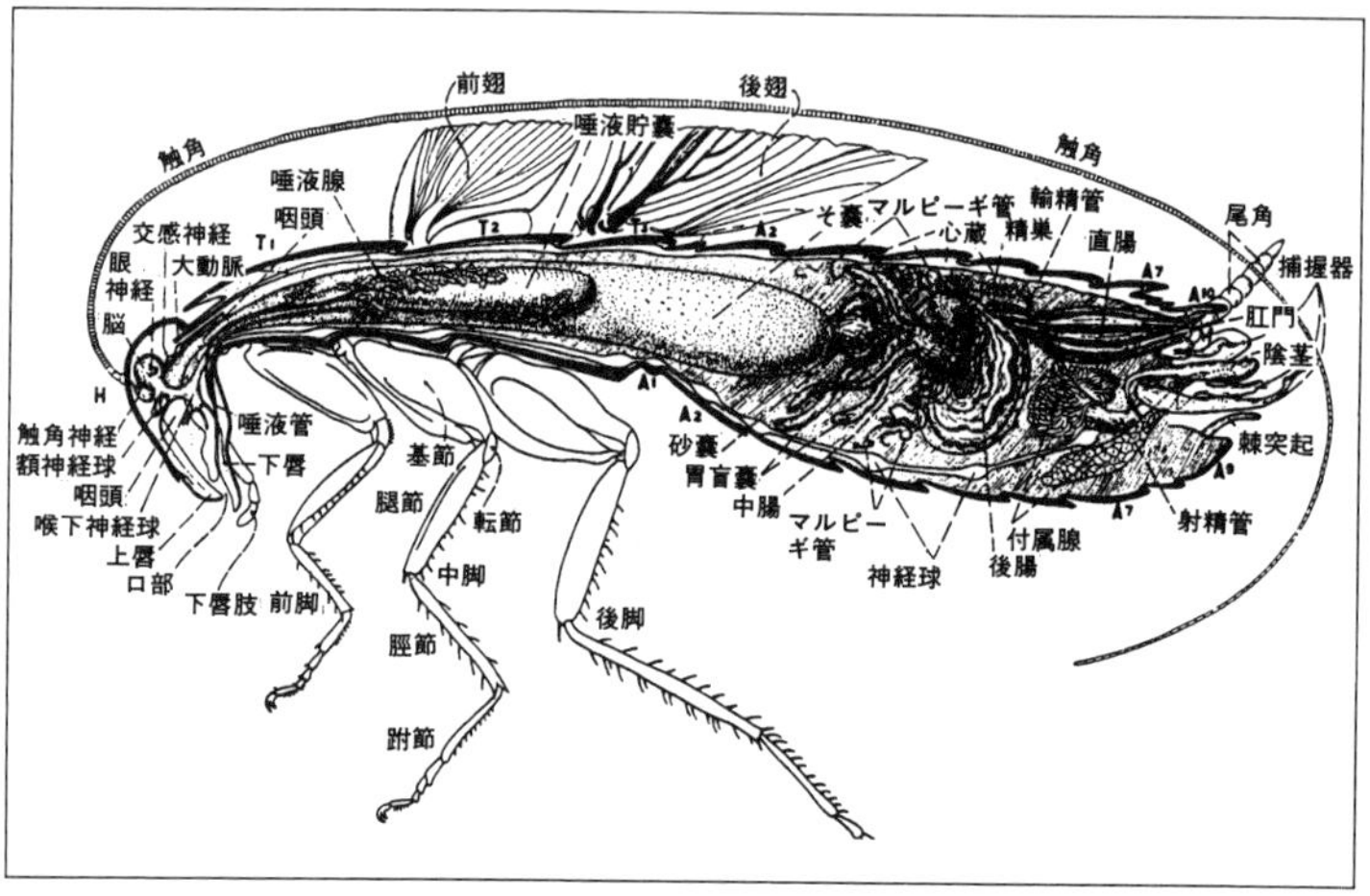

退化した突起のついた種もある。雄か雌のどちらか一方にのみ、この飛行専用の付属物がついている種もある。さらに、翅はあるがめったに使うことはなく、落下の速度を落とすときにだけ翅を広げるものも、わずかながらいる。

前胸背板のすぐ後ろは、毛で覆われ、棘だらけの三対の脚の接合部分である。それぞれの脚の先は二つの大きな爪のついた足がある。これらをひっかけ鉤のように使って、垂直の壁でも自分の体を引っ張り上げることができる。また、滑りやすい表面でも素早く動けるように、ゴキブリの足や前脚部には、粘着性のある特殊なパッドがついている。

ゴキブリの腹部は、体の半分以上を占めているのがふつうである。体の中でいちばん柔らかく、しなやかな部分である腹部は、二組の装甲板によって保護されている。上部の板は背板、下部の板は腹板と呼ばれている。これらは性別を鑑定するのに利用される。腹板を下から見たとき、雄の場合は七枚しか見えないのに対し、雄の場合は九枚が見える。

腹部の両側に整然と並んでいるのは小さな穴（気門と呼ばれる）で、それぞれが気管とつながっており、これらの動物はこの穴を通じて呼吸している。地球上の動物で、このような呼吸器官に頼っているのは、ゴキブリやゴキブリの親類にあたる昆虫だけである。

ゴキブリを分類する

昆虫学者は、ある共通の特徴をもとに、現存する昆虫すべてを目と呼ばれる二六の範疇に分けている。これら目のそれぞれには、下位分類――亜目、上科、科、属、種、亜種――がある。こういった下位分類は、分類学者が動物界のさまざまな住民の親戚関係を確立する際の手がかりとして立てられた。ゴキブリ生物学の学徒の大半にとっては、科や上科といった言葉は、属や種――昆虫の科学上の「姓」と「名」――ほど重要ではない。

あらゆるゴキブリはゴキブリ目 *Blattaria* に入れられている。この名は古代ギリシアの家屋害虫 *Blattae* に由来する。この目のメンバーには、ある重要な共通の性質がある。あらゆるゴキブリには、厚く革のように硬い前翅、バッタの口に似た、ものを噛めるようにできている口、幼虫（いもむし）

ゴキブリの分類は非常にややこしく、ある場合など、一つの種でありながら、雄はイスクノプテラ属 *Ischnoptera* に、雌はテムノプテリュクス属 *Temnopteryx* に分類されていたほどである。

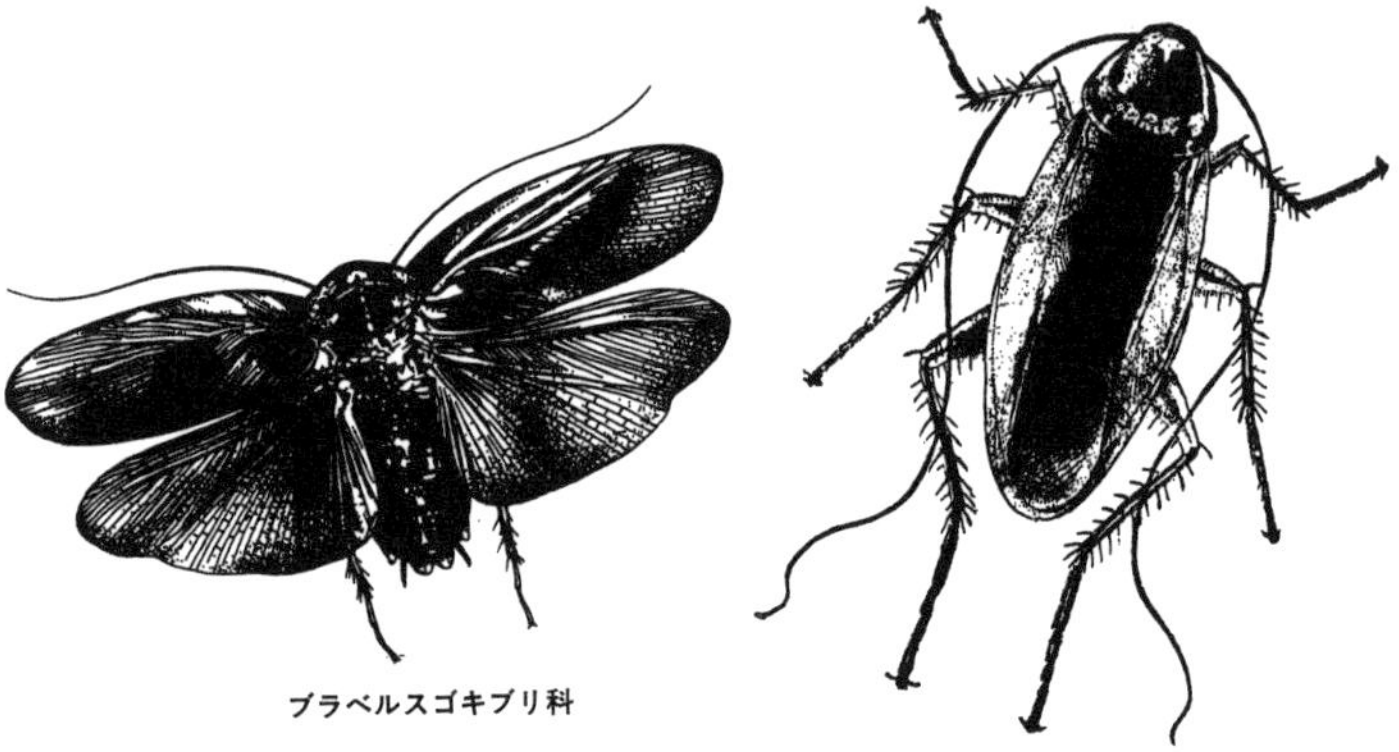

や蛹（繭）という成長段階を踏まない単純化した生活環がある。

さらに、すべてのゴキブリに共通する特性は、卵のカプセル、つまり卵鞘である。これは硬い殻で覆われた小さな「がま口」で、雌はこの中に卵を産みつける。ゴキブリ以外で卵を入れる容器をもつ昆虫は、シロアリ（等翅目）やカマキリ（蟷螂亜目）だけである。ゴキブリやシロアリやカマキリには、この点に加え、他にも類似している点が多少あることから、昆虫学者はかつて、これらを一つの目――網翅目、つまり「網状の翅をもつ」昆虫――にまとめていた。一部の分類学者は、このごたまぜの中にバッタとコオロギも含め、それらすべてを直翅目の中に押し込んでいた。網翅目も直翅目も、今日では分類学上の正確な構成単位とは見なされていない。しかし、昆虫に関する科学的文献や一般向けの読み物の中に、直翅目――バッタ、コオロギ、ゴキブリなどの仲間――と呼んでいる箇所を見つけるのは珍しいことではない。

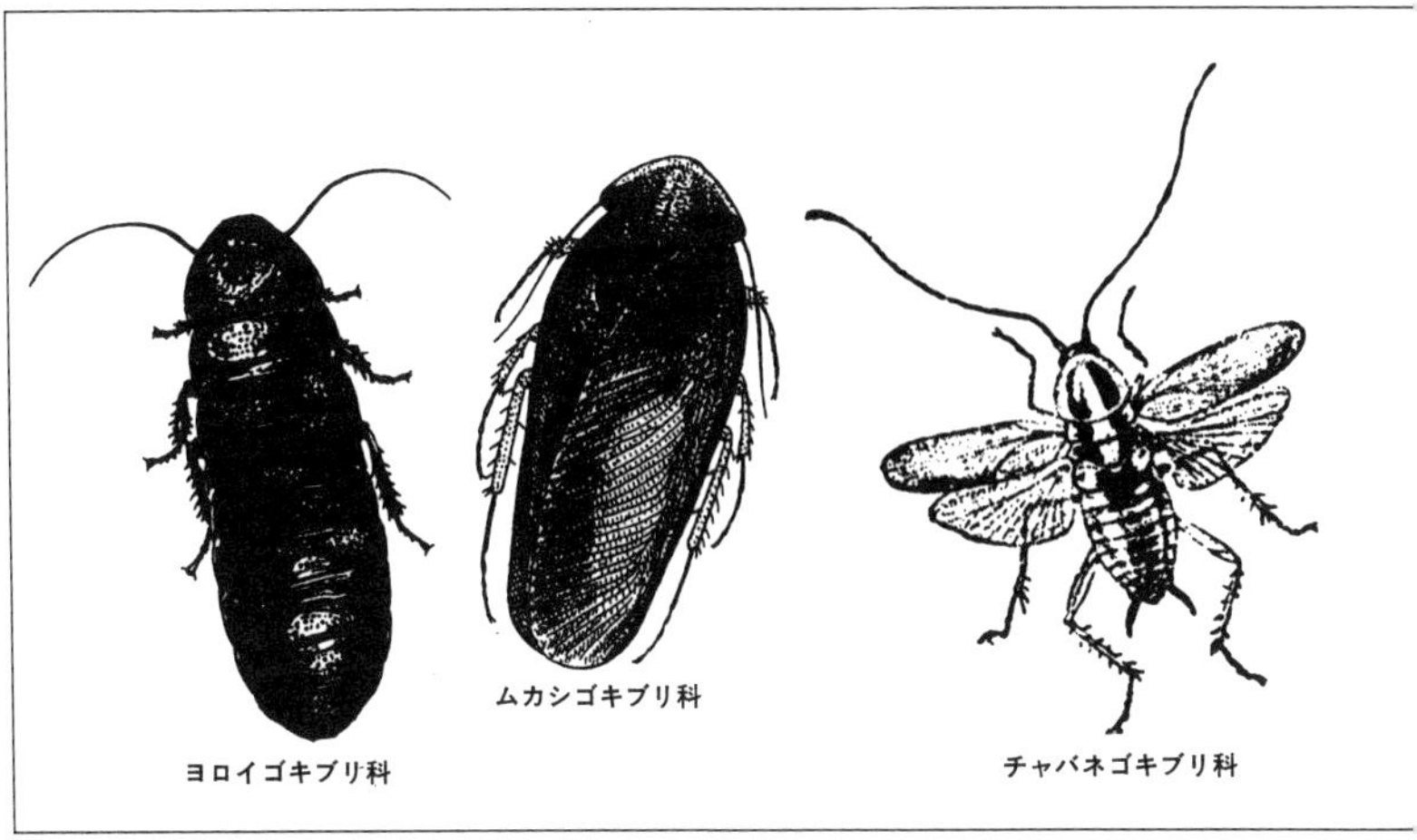

ゴキブリの一族

ゴキブリ目には五つの科(ファミリー)が確認されている。ゴキブリ科 *Blattidae*、ブラベルスゴキブリ科 *Blaberidae*、チャバネゴキブリ科 *Blatellidae*、ムカシゴキブリ科 *Polyphagidae*、ヨロイゴキブリ科 *Cryptocercidae* の五つである。これらの科には、形や大きさや色にかなりの違いが見られる。五つの科に属するメンバーをすべて紹介するのは明らかにこの本で扱える範囲を越えているとはいいながら、ここでは様々なタイプの代表をいくつか取り上げる。

ゴキブリ科 *Blattidae*

ワモンゴキブリ *Periplaneta americana*、あるいは婉曲な言い方でいうところのシュロの木虫(パルメット・バグ)は、ゴキブリ科でいちばんおなじみの種である。中型のこの昆虫と、これに近い従兄弟にあたるコワモンゴキブリ *P. australasiae*、トビイロゴキブリ *P. brunnea* は、現在、世界の温暖な地域全般にくまなく生息している。ワモンゴキブリは、その生息量や体の大きさ、研究室で簡単に飼育できることから、しばしば実験動物として利用される。

ブラベルスゴキブリ科 *Blaberidae*

「神の顔をもつゴキブリ」。コスタリカの人々は、オオブラベルスゴキブリ *Blaberus giganteus* という学名のついた、ブラベルスゴキブリ科でも大型の種に入る、この巨大なゴキブリのことをこう呼ぶ。洞穴や岩の裂け目、空洞のある樹木によく見られるこの種は、朽木やコウモリの糞、腐敗した植物、死んだ昆虫など、こういったじめじめとした奥まった場所に落ちてくるあらゆるものを餌としている。飼育器育ちのオオブラベルスゴキブリは、昆虫博物館の人気者だ。また、立派にペットにもなる。

チャバネゴキブリ科 *Blattelidae*

チャバネゴキブリ科に属する畑ゴキブリ（フィールド・コックローチ） *Blattella vaga* は、通常、水の豊富な田畑や腐葉土が厚く積もった野原に生息している。しかし、アメリカ南西部に生息する、湿地を好むこの小型のゴキブリは、乾燥期には群れをなして家屋に侵入するのが頻繁に観察されている。ここでは、明るい光を嫌うゴキブリの性質はほとんど見られず、白熱灯や蛍光灯のまぶしい光の中を自由に飛び交う姿を見せている。

ムカシゴキブリ科 *Polyphagidae*

ムカシゴキブリ科の砂漠ゴキブリ（デザート・コックローチ）*Arenivaga* 属は、苛酷な環境下での生活にうまく適応している。日中の暑いさなかは、砂面の下一〇センチほどのところに隠れ、日没後にのみ、餌や交尾相手を探しに姿を現す。このゴキブリなどのムカシゴキブリ科のゴキブリは、特殊な「舌」（もっと正確に言えば、下咽頭嚢）を突出させることで、空気中の水分を直に吸い取ることができる。

ヨロイゴキブリ科 *Cryptocercidae*

現代に生き残っている四種のヨロイゴキブリ科の一種、クリプトケルカスゴキブリ *Cryptocercus punctulatus* は、かつてニューヨークからジョージアにいたる大西洋岸を覆っていた古木の森の名残をとどめる朽木の中に生息している。この種の生息地が徐々に減少していること、この仲間——中国の *C. primarius*、ロシアと中国東北部の *C. relictus*、最近第三の種として記載されたアメリカ西部の *C. clevelandi*——の数も減っていることは、ヨロイゴキブリ科が、数億年の年月を経て、進化の終点に達しつつあるというシグナルかもしれない。

本書を読んで、ゴキブリの世界に深く足を踏み入れていくとお目にかかってもっと詳しい記述が得られるのはこうしたゴキブリたちである。

名前には何があるか

学名には、ゴキブリの正体に関する手がかりが含まれている場合が多い。こういった符丁の多くは、それがついている虫の原産地とされる場所を特定している――たとえば、*aegyptiana*（エジプト原産）や *lapponica*（ラップランド原産）などである。こういった地名のいくつか（たとえば、*germanica* や *americana*。これらはいずれも、一八世紀半ばにスウェーデンの博物学者カロルス・リンネによって与えられたものである）は、生まれ故郷から遠く離れたところで採取された標本に誤ってつけられている。

ゴキブリ目の研究に重要な貢献を果たした科学者の栄誉を称えるために選ばれた学名もある。その例の最たるものが、*Miriamrothschildia* という属で、これは生物学者であり、自然保護論者であり、大英帝国上級勲爵士であるミリアム・ロスチャイルド博士に捧げられている。その他、たとえば *gigantea*（巨大な）、*lutea*（黄色味を帯びた）、*emarginata*（切れ目のある）といった名が、ゴキブリの明瞭な身体的特徴に着目して選ばれている。

土地が変われば昆虫の通称も変わるが、学名は時代によって変わる。ゴキブリの系統樹の新たな枝に入れられたゴキブリは、新しい属名や新しい種名、あるいはその両方を授かる場合がある。こういった名前の変化の極端な例が、チャバネゴキブリ〔英語名はドイツ・ゴキブリを意味する German cockroach〕だ。一七六七年以来、学名が六回変わっている。

ククラチャ、カカローチ、コックローチ

「コックローチ」〔ゴキブリ〕という語を聖書やシェイクスピアの諸作の中に見ることはないだろう。まだ最近の言葉なのだ。古代ローマ人は公衆浴場で見かける高温多湿を好むこの虫をルキフギア

学名	意味
Diploptera punctata	小さな穴で覆われた二枚の翅（この属に特有の特徴）
Nauphoeta cinerea	灰色の船乗り（南洋を航海する船によく見られる人の姿）
Periplaneta brunnea	褐色の惑星（ほぼ全世界に分布することを言う）
Blaberus craniifer	頭蓋骨をもつ害虫（背中に頭蓋骨に似た模様があるため）
Gromphadorhina portentosa	不吉な雌豚の鼻（理由不詳）

学名	使用期間
Blatta germanica	1767〜1792
Blatta obliquata	1793〜1834
Ectobius germanicus	1835〜1863
Phyllodromia bivittata	1864
Phyllodromia germanica	1865〜1875
Ischnoptera bivittata	1876〜1902
Blattella germanica	1903〜現在

lucifugia と呼んだ。これはゴキブリやネズミなど「日光を避ける」夜行性の有害動物全般を指す言葉である。数世紀にわたり、ゴキブリはこのルキフギアや、これに相当するギリシア語——*blattae*——の名で呼ばれつづけた。

コックローチという語が英語に入ってきたのは、一六二四年——シェイクスピアの死から八年後——のことである。この年、ヴァージニア入植地のキャプテン・ジョン・スミスは、「スペイン人がカカローチと呼び、櫃の中に入り込んでは、餌を食べ、嫌なにおいを放つ糞で汚す、インドの昆虫の一種」について書いている。スミスが当時のスペイン人の言ったことを聞き間違えたのは確かだ。彼らはこういった昆虫をクカラチャ *cucarachas*——クコ *cuco*、あるいはクカ *cuca*（虫）の指小語にアチャ *acha*（卑しい、または卑しむべき）を組み合わせた呼び名——と呼んでいたのだ。

一八世紀半ばにはすでに、スミスの語は「コック

ローチ・ペロー。「ベスト・ドレッサー」ゴキブリの１匹。テキサス州プレーノー出身（58頁参照）〔コラージュされている顔は、1992年の大統領選に無党派で立候補し、話題を呼んだロス・ペロー〕

・ロチェ（cock-roche）」に変わっていた。その後、「コック・ローチ（cock-roach）」へと変化し、チャールズ・ダーウィンは、一八五九年に発表した『種の起源』の中でこの綴りを使用している。一九〇〇年ごろのアメリカではすでに、これを縮めた「ローチ（roach）」が使われている――この語の変遷は、少なくとも一人のゴキブリ学者をいらだたせた。イギリスはケンブリッジ大学のロバート・W・C・シェルフォードである。シェルフォードは、一九一七年に発表した『ボルネオの博物学者』（*A Naturalist in Borneo*）の中で、ローチという言葉は「ある種の魚を指す立派なアングロサクソン語」――ローチ *Rutilus rutilus* は、銀色に輝くヨーロッパ産の鯉の仲間のことだ――であり、「この言葉を昆虫に使うのは不快である」。

さらに時間が経って、この語がビ・バップ

のドラマー、マックス・ローチも指すようになったことをシェルフォードが知ったなら、どう思っただろう。あるいは、この語のスラングの意味——マリファナ煙草の吸いさし——はどうだろう。ハーレムの新しもの好きの仲間言葉から発生したこの二番目の用法は、雑誌「ニューヨーカー」一九三八年三月一二日号に記事を寄せたメイヤー・バージャーによって、一般に広く知られることになった。彼は記事「マリファナ中毒者のための茶（ティー）」(*Tea for a Viper*) の中で、実際にマリファナ・パーティーに参加して受けた印象を伝えている。この記事によれば、「スティック」(sticks)、「リーファー」(reefers)、「ティー」(tea)、「ジャイヴ」(gyves)、「ゲージ」(gauge) あるいは「グーフィー・バッツ」(goofy butts) は、すべて同じもの、つまりマリファナ煙草を指すスラングだという。

「つまんで吸う短くなった煙草、または吸いさしは、ローチと呼ばれる」とバージャーは報告している。茶色くなった、虫ほどの大きさの吸い殻にまさにふさわしいこの言葉は、バージャーがハーレムに行く何十年も前から使われていたに違いない。この用法は今日にも残っており、数多くのポピュラーソングの歌詞やタイトルにやつれたその姿が見られる。

ついでに言えば、競馬場によく足を運ぶ人たちは、くたびれた老いぼれ馬をローチと呼ぶことが知

> 「チャバネゴキブリ *Blattella germanica*（「小さい」+Blatta）は、いろいろな名称でも呼ばれている。最も流布しているのは『蒸気虫（スチーム・フライ）』で、そういう環境にいることを連想させるためである。ランカシャーにはかつて、『蒸気虫（スチーム・バグ）』という方言があったようだし、オールダショット周辺では『ぴかぴか（シャイナー）』と言われていた。『水虫（ウォーター・バグ）』は全米各地でいわゆるゴキブリを示す一般的な通称で、ノヴァスコシアでは『北米移住者（ヤンキー・セトラー）』が、アメリカ東部では『クロトン川虫（クロトン・バグ）』が一般的である……」——P・B・コーンウェル『ゴキブリ』*The Cockroach*

られている。しかし、この先わかるように、ゴキブリ（ローチ）は、実際にはきわめて俊敏に動くことができる。
要するに、私はローチという言葉を使ってはいるが、シェルフォードにはこれ以上ない敬意を抱いている。読者諸氏には、私の意図するところを誤解しないでいただきたい。

基本的なゴキブリ目

ゴキブリは太古からほとんど変化していない。フォルクスワーゲン・ビートルの設計者のように、繁栄の鍵を握っていると思われるデザインは頑なに守りつづけながら、時代とともに数え切れないほどの改良を加えている。こういった改良の結果どうなったか。エイリアンのような外観と、私たちをはるかに上回る能力を持つ、決して目立たないが装備の充実した生物となったのだ。

頭部

触角——一三〇もの節からなる長い管で、それぞれの節が、温度、動き、匂いなどを感知する一個または数個の感覚器官を装備している。

眼——二種類ある。八角形のレンズを二〇〇〇個ずつ含んだ複眼と、（ほとんどの種では）光と暗さを認知するための、レンズのない眼点がある。

口部——キチン質の頑丈な歯を備えた、ものを噛むための大顎が頭部を横切っている。小顎は触角や脚の身繕いをするための微細な硬い毛に覆われている。指のような形をした小顎肢と下唇肢は食べ

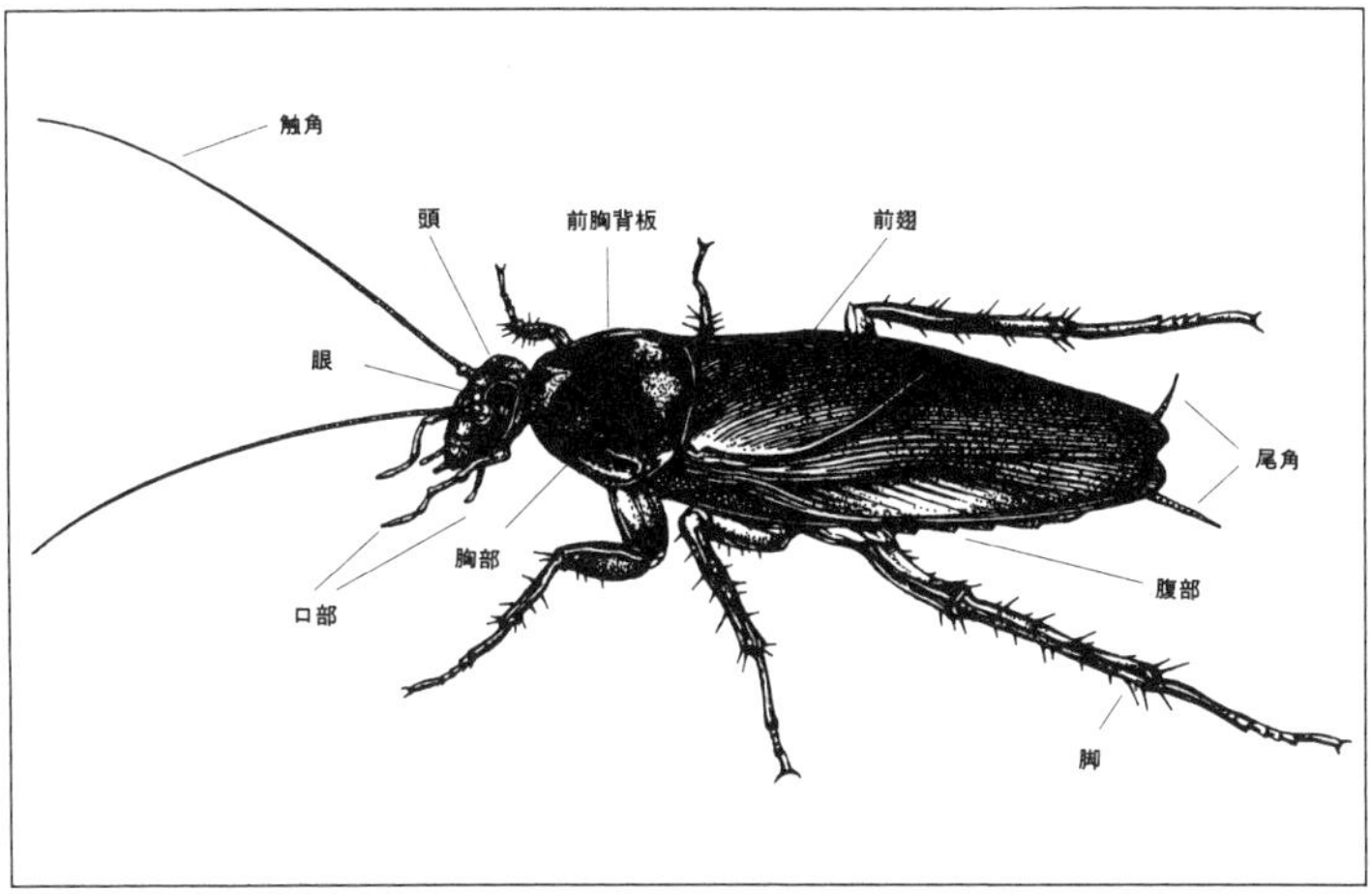

物を一つ一つ突き刺し、実際に摂取する前にそれが食べられるものかどうかを判断する。

胸部

脚――小さな中に驚くほどの工夫がなされている。その最たるものが三種類の接合部、すなわち、脚と体の肉をつなぐ蝶番、脛節（むこうずね）と跗節（足部）を結びつける球窩関節、両方の「膝」（脛節と腿節、転節と基節の接合部）の膝関節の三つである。

耳――膝下器官と呼ばれ、各膝の関節に位置している。これによってごくかすかな空気を伝わる音――他のゴキブリの足音まで――を聞き分ける。

翅――厚い前翅が薄く透き通った破れやすい後翅を覆っている。翅を広げると一〇センチ近くに達することも珍しくない。

腹部

気門――八組の気門が気管に通じている。残りの二組

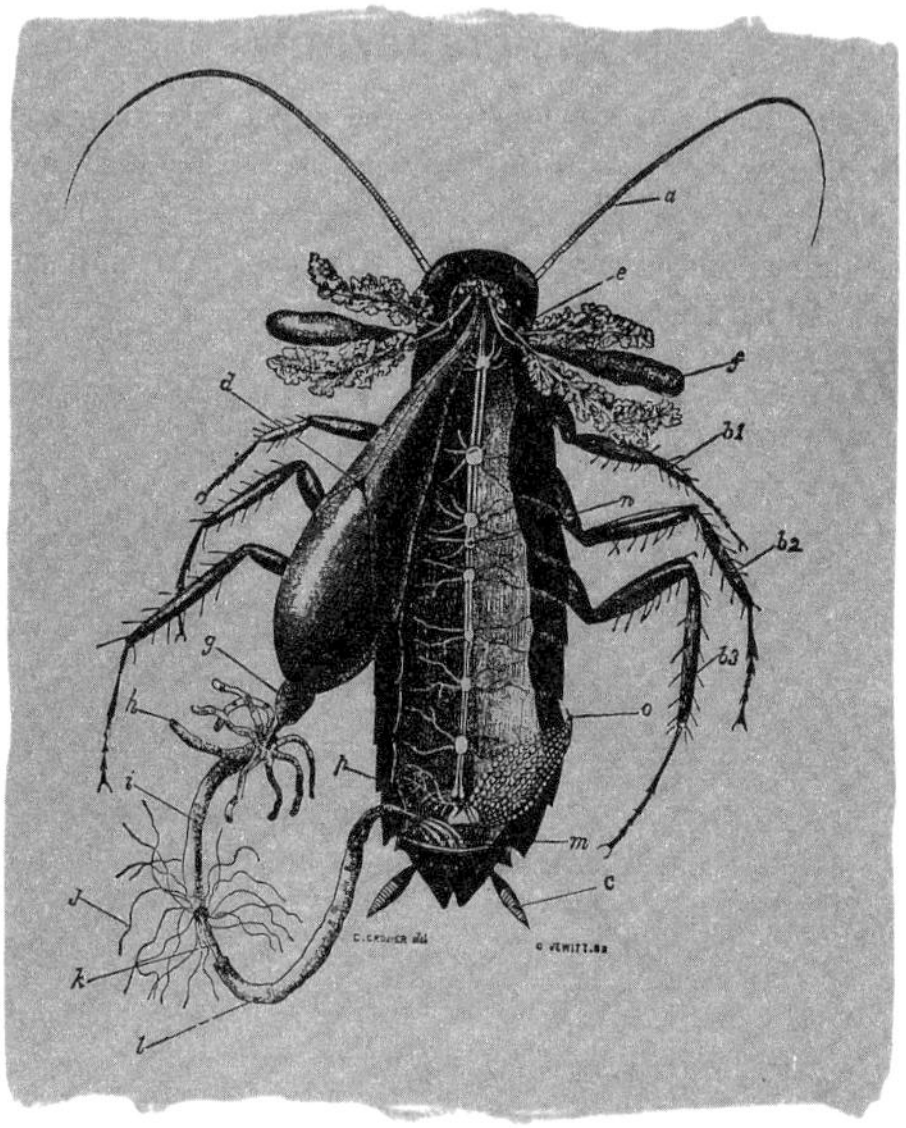

は胸部に位置している。

尾角――圧力を感知する毛に覆われた角に接合してた関節のある尾で、この毛は差し迫った危機を警告する。警告メッセージは脳を通らず、直接脚に流れる。

生殖器――（雄の場合）三本の鉤爪状のフックがある。うち最長のものは雌の腹部の先端に組みつくような作りになっている。一度、この結合が果たされると、残りの小型のフックもつながり、二個の動物の結合はなかなか引きはがせない状態となる。（雌の場合）細い穴で、雄のフックがしっかりと捉えられるように、中には杭が立っている。

からだ全体

外皮（体壁）――硬く、継ぎ目のないキチン質からなり、さらに水分をはじく油と蠟質の薄い膜で保護されている。体の水分を維持し、ほこりや病原菌を運ぶ微生物の侵入を防いでいる。ゴキブリの外皮には、黒やチョコレート色から黄色、明るい緑色まで、さまざまな色がある。

ゴキブリの内臓

ゴキブリほど無駄なくパッケージされた動物はほとんどいない。硬い外骨格の中に整然と詰め込まれているのは、おびただしい数の体内器官だ。きわめて微細だが、私たちのそれと比べて遜色のないゴキブリの体内器官は、生きるうえで不可欠となる呼吸、循環、消化、排泄、生殖、感覚の各機能を果たしている。これら器官の詳細な記述は、『ワモンゴキブリ』（*The American Cockroach*）や『生物医学の研究における神経生物学を応用するモデルとしてのゴキブリ』（*Cockroaches as Model for Neurobiology Applications in Biomedical Reseach*）に見ることができる。

呼吸と循環

ゴキブリの心臓は腹部にある。静脈も動脈もない細い管が、基本的には戻り道のない組織を通って、無色の血液を送り込んでいる。この体液は体腔をめぐり、消化器官から得た栄養素で体内組織を潤し、老廃物を取り除く。老廃物は排泄器官へと運ばれる。

代謝用の酸素は細かい管の回旋状の器官（毛細気管）から摂取される。この毛細気管は気門に連結したこれよりわずかに大きな管（気管）につながっている。空気は拡散によって気門に入るが、この作用を支えているのは腹部の筋肉の伸縮である。複雑に感じられるし実際そうだが、私たちの呼吸と循環の仕組みに比べ、ずっと単純なものだ。

消化と排泄

食べ物は、ゴキブリの口部を通ってしまうと、口孔に入り噛み砕かれる。その後、唾液嚢に逆戻りし（本当の話）、唾と混ざる。このように消化準備の整った、予備処理された食べ物は、食道に流れ、やがて素嚢にたどり着く。この巨大な嚢は膨張し、この昆虫が右の道筋で送るすべてのもの（何もかもみな）を収容することができる。

ゴキブリの最大の秘密は胃の中にある歯だ。専門的に言えば、これらは前胃にあるキチン質の歯状突起で、食べ物はここでしばらくの間こなされる。取り出された栄養分は、指のような形をした突起から吸収される。残りはすべて結腸に流れ、そこで食べ物の副産物は、スパゲティー状のマルピーギ管によって腸の中に吸収、放出された代謝老廃物と混ざる。マルピーギ管はあらゆる昆虫に共通する排泄器官である。この同化プロセスの最後の、ごくおなじみの段階で、腸の内容物は、直腸ひだによって水分を取り除かれ、乾燥した球粒状の糞となり、肛門を通って外界へと顔を出す。

脂肪体

ゴキブリの繁栄のもう一つの秘密が脂肪体、つまり腹部の満たせる空間をほとんどすべて埋めつくしている白い塊の組織だ。この大量の細胞は、いくつかの機能を果たしている。すなわち、倉庫（この中にはタンパク質やグリコーゲン、脂肪が、食べ物の少ない時期を見越して蓄えられている）であり、工場（アミノ酸やビタミンが生成される）であり、再生プラント（エネルギー源として再利用するため、老廃物や尿酸を化学変化させている）でもあるのだ。

生殖

雄ならびに雌のゴキブリの体内配管組織は、私たちのものにまったくもってよく似ている——雄では精子をつくる精巣、雌では卵を生む卵巣に通じている。受精は体内で行なわれる。人間の生殖システムと類似しているのはここまでである（5章で詳しく触れる）。

感覚

実はゴキブリは、二つの脳をもつ動物である。頭に二組の大きな神経球があるのと同時に、尾の部分にも一個の神経球がある。これら二つの感覚中枢は、最終的には、巨大な神経繊維でつながっている。神経情報ハイウェイを構成するこれらの巨大な繊維は、普通の神経の一〇倍のスピードで刺激を伝える。刺激はゴキブリの神経索の端まで、およそ〇・〇〇三秒で到達する。この態勢により、ゴキブリは感覚をインプットしてから、記録的な速さで行動に移ることができる。実験では、尾角から受け取った警戒メッセージは、〇・〇四五秒で敏速な脚の動作へと移し替えられることが明らかになっている。これは文字どおり、人間のまばたきよりも速い。丸めた新聞紙を振り下ろす前にごくかすか

> 自律性のある脳が二つあるおかげで、ゴキブリは頭を切り離された後も活動することができる。首を切断された側が出血多量で死なないように気をつけてやらなければならないが、一度こうしておくと、首なしゴキブリは数週間生きながらえ、いずれ飢えによって死に至る。

な風さえあれば、ゴキブリは一足先に逃げを打つことができるのだ。

ゴキブリはどれほど頭がいいか

ゴキブリは迷路の進路の取り方を学習することができる。わずか五、六回の試行で、いくつもの曲がり角や行き止まりを、行きつ戻りつ迷うことなく進む。この能力はアメリカの生物学者C・H・ターナーによってはじめて報告された。ターナーは研究室で飼育したゴキブリが一日訓練を受ければ、複雑な道順を記憶できることを発見した。しかし、彼らはおぼえたことをすぐに忘れてしまい、ターナーはこの優等生たちを実験を始めるたびに訓練し直さなければならなかった。その後の研究者たちは、別の種のゴキブリの学習と記憶について、さらによく調べている。

また、ある研究者は塩分を含んだ液体の上にゴキブリを吊し、吊されたうちの一匹がこの液体に脚を浸せば、そこで必ず電気回路が完結して、弱い電気ショックが流れるようにした。約三〇分後、彼らは脚を上げていれば、ビリッとくるショックを受けずにすむということをおぼえた。首を切断したゴキブリも、ショックに対してこれとほぼ同じ反応を示した。これはゴキブリの後部にも脳があることの証である。

この二つの実験の結果から、ゴキブリは無脊椎動物の中でかなり頭のいい部類に入ることになった。ある複雑なシンボルを見て、食べ物がもらえるか、電気ショックが来るかをわずかな時間の訓練によって判断できるようになるタコと比べても、それほど劣るレベルではない。ゴキブリの頭脳の力を測ることは、私たちの仲間の知的能力を測定するのと同じく、難しく、また色々と議論を呼ぶところでもある。単純に、彼らは自分たちが必要な程度には頭がいいと言っても差し支えないが、そこまでにしておこう。

平均寿命

ゴキブリには、種によって、一年(シーズン)しか生きられないものから、数年生きるものまである。また同じ種の中でも、生きられる日数にかなりのばらつきがある。成熟率は気温や湿度、食糧資源などの環境の状況によって異なる。多くの種では、初夏に孵化し、幼虫は脱皮をして、翌年の春に成虫となる。寿命もまた環境の状況に左右され、さらに同じ種の中でも違いが見られる。

最近の研究で、ゴキブリは一五分おきにおならをすることが明らかになっている。また、死後一八時間にわたり、メタンを放出しつづけることもわかっている。昆虫の放屁は地球上で放出されるメタン総量の二〇パーセントを占めると言われており、シロアリやゴキブリは地球温暖化に最大級のウェートを占めている。この現象について書いているイリノイ大学の昆虫学者メイ・ベーレンバウムは、昆虫の放屁による害を軽視し、「ガスの小さな気泡はドミニカの琥珀の中にも確認でき、シロアリ、ゴキブリ、ヤスデなど、ガスの多い節足動物にはつきものの現象である」と述べている。「このプロセスは数百万年の間、静かに行なわれてきたが、いまだ恐ろしい事態は現れていない」という。

ヴィクトリア時代の時計屋の奇抜な広告〔cock-horse はおもちゃの馬の意〕

トウヨウゴキブリ	三一六〜五三三日
ワモンゴキブリ	一〇〇〜五〇〇日
チャバネゴキブリ	九〇〜二〇〇日
チャオビゴキブリ	一一五〜一三六日
クロゴキブリ	一九一〜五八六日
オオブラベルスゴキブリ	三〇〇〜六〇〇日

攻撃的傾向

ゴキブリの中には、私たちの彼らに対する態度とそれほど変わらない態度で仲間と接する種もある。実験用のワモンゴキブリの観察から、雄にはかなり攻撃的な性格が備わっており、しばしば他の雄の成虫に、時によっては雌の成虫にも、咬みついたり、蹴飛ばしたりすることが明らかになっている。この種では、雌どうしの衝突はないに等しい。しかし、チャバネゴキブリの雌の攻撃性のレベルは、雄に匹敵するか、あるいはわずかに上回るほどのものである。

これまでに研究がなされた攻撃的衝突は、ほとんどの種で、まず二匹のゴキブリが正面から出会い、少しの間、触角を使ったフェンシングをする（一二五頁参照）。この最初の接触が終わると、一匹あるいは双方とも、威嚇の姿勢をとる。ゴキブリの攻撃的ポーズのレパートリーには、「高脚歩き」（攻撃的な個体が脚をまっすぐ伸ばし、硬い体を地面から高く持ち上げる）や「体のひねり（ボディー・ジャーキング）」（語感から想像するものとそれほど違いはない）がある。こうした示威行動から互いの停戦協定に通じる場合もある。しかし、どちらか一方が体当たりしたり、下顎で咬みついたり、前脚や後脚で蹴飛ばしたりと、一方的な攻撃に終わる場合がいちばん多い。相手は、こういった攻撃を受けると、ふつうは退散してしまう。そうなる

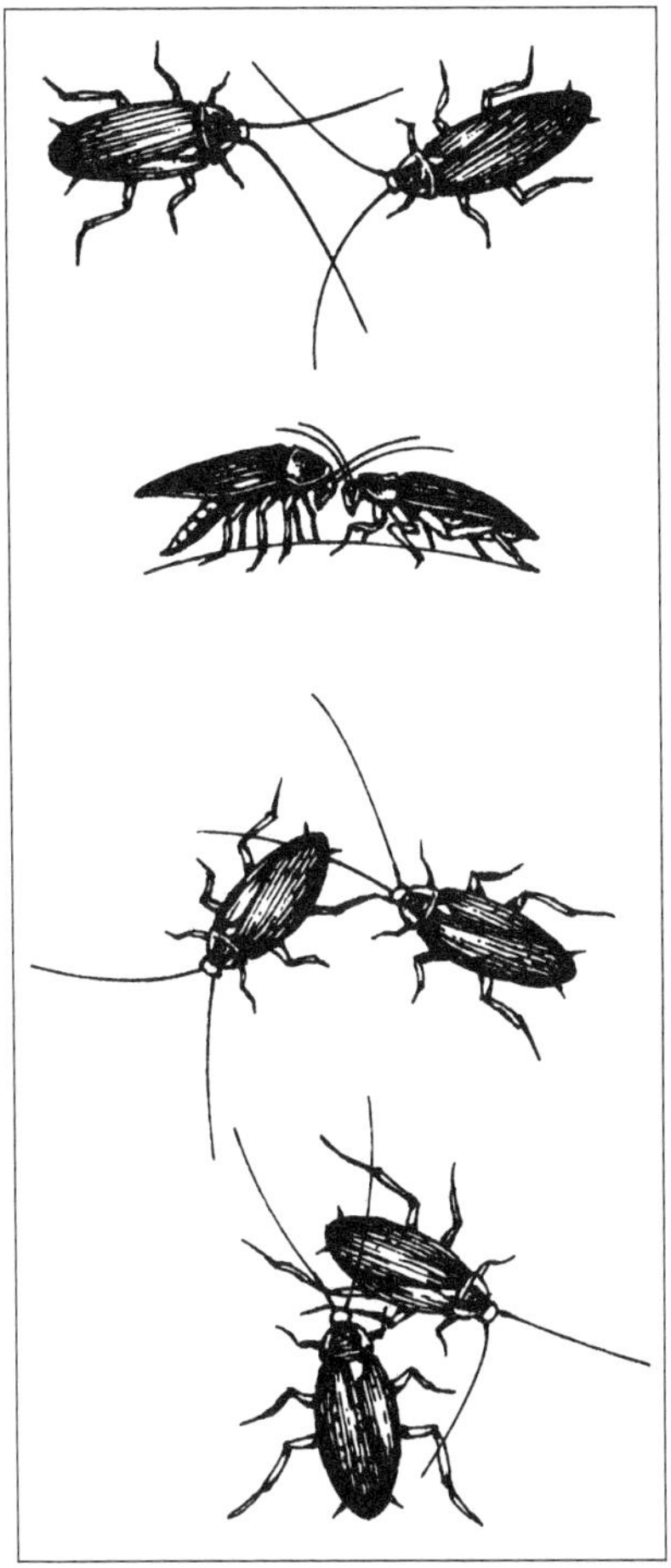

ゴキブリの喧嘩のいろいろな段階――（上から順に）触角でのフェンシング、高脚歩き、キック、咬みつき

と、ほとんどの場合、それ以上の敵対行動は終わる。

縄張りをめぐる格闘

激しい戦いは当然、縄張りを守ろうとするゴキブリどうしにも起こる。この戦いは長引き、その間、ゴキブリ戦士は最長で三分にも及ぶ間、じわじわと円を描いて歩いたり、高脚歩きをしたり、互いに咬みつきあったり、蹴りあったりする。ウィリアム・ベルは、ワモンゴキブリの攻撃的衝突について分析した論文の中で、「こういった行動は頻繁に行なわれ、籠の床一面で繰り広げられることもしばしばだった」と述べ、「稀にではあるが、脚が引きちぎられる場面も見られたことから、この一戦は非常に激しいものであると考えられる」とする。ベルが観察した六〇〇件近くの攻撃的衝突のうち、そこまで激しい一戦となったのはわずか一七件である。また、どちらかが死に至ったケースは一つもない。

こうしたゴキブリの攻撃的衝突の結果がどうなるか、ベルには予測できなかった。しかし、彼はワモンゴキブリの攻撃的傾向が性的活動や縄張りの防御に深くかかわっており、雄のゴキブリの場合には、明らかにその関連性があることがわかった。また、ゴキブリの攻撃の激しさは、個体数の密度と直接の相関関係があるとする研究者もいる。

卵を身ごもったチャバネゴキブリの成虫どうしは頻繁に攻撃に出るが、これは以前から、卵鞘や幼虫を共食いから守るという、こういった昆虫の本能的衝動から起こるものだと言われてきた（一八四頁参照）。他の種のゴキブリの研究からは、戦闘的行動にはまた別の理由もあることがわかる。つまり、食べ物と水が豊富にある縄張りの支配権を得ることで、様々な種の雄はライバルを餓死させることができ、こうして安全なオアシスにやってくる成熟した雌の気を、みな自分にひきつけるのだ。

2

彼らはどこにいる（いない）のか？

マクドナルドの宣伝で売れるハンバーガーやチーズバーガーの数と同様、確認されているゴキブリの種数も確実に伸びている——一〇〇万単位とまではいかないにしても。ゴキブリ科の新種は、年に四〇種の割合でリストに加えられ、現在では総数三五〇〇種を数える。このゴキブリ科についての世界的に有名な権威、ハーバード大学比較動物学博物館のルイス・M・ロス教授は、独力で、しかも過去一〇年の間に、三〇〇種以上を確認した。確認されたゴキブリの種類は、最終的に五〇〇〇から六〇〇〇種にのぼると考えている昆虫学者が多い。

現在のところ、発見および確認されている種の大多数は、北緯三〇度あたりから南緯三〇度あたりまでの広大な範囲の陸地に棲息している。この温暖で光合成しやすい区域には、世界で最も豊かで多様な植物が育つ森林がある。たとえば、ボルネオ島のたった一〇ヘクタールの土地から、七八〇種ものゴキブリが捕獲された。これは、誇らかに常緑州（エバーグリーン・ステイト）と自称するワシントン州に棲息するゴキブリの、約六倍の数にあたる。

膨大なゴキブリの数

何がゴキブリを増やすのか。フランク・フィスクの『コスタリカのゴキブリ——注釈付チェックリスト』（*Annotated Checklist of Costa Rican Cockroaches*）によると、南米の小国、仏領ギアナには、少なくとも一一八種のゴキブリが、コスタリカの熱帯林には一五〇種ものゴキブリがいる。オランダのC・F・A・ブルイニングは、マライ区——ジャワ、スマトラ、ボルネオ、マレー半島からクラ地峡、さらに近隣の諸島にわたる区域で、三七六種のゴキブリを記録した。彼の見解では、リストアップした種は、この地域に棲息する「膨大な野生種のほんの一部」である。

ゴキブリ　赤道ギニア共和国　2エクウェレ

　アフリカ産ゴキブリの数についてのデータは、すぐには手に入らない。しかし、このアフリカ大陸の動物相は、仏領ギアナやコスタリカと似ているといって差し支えないだろう。そうでなければ、西アフリカの赤道ギニア共和国が、繁栄するワモンゴキブリを記念する四色刷りの切手を発行するわけがない。

　赤道から北にでも南にでも、一マイル離れるごとに、ゴキブリにとってしだいに住みにくい環境になる。南アフリカには約一二五の、オーストラリア全土には一七五の土着の種が棲息している。モントリオール、トロントなどの大都市部を除けば、カナダのほとんどの地はゴキブリが棲息しない。何世紀にもわたる、アジア、アフリカ、中東との貿易によって、土着の種ではない、害虫としてのゴキブリが、数多く北ヨーロッパへ運ばれた。ところが、これらの侵入者にもかかわらず、ヨーロッパ全土にいるゴキブリは現在でも七五種以下——小国コスタリカのゴキブリのわずか半数である。

アメリカ一の嫌われ者

アメリカにいるゴキブリには、五つある科すべてのものがあり、全部で三一属六一種になる。これらの三分の二以上が、外来種である。

アイダホ州、モンタナ州、ワイオミング州には原産種はいない。ワシントン州、オレゴン州の森林には、二種類の土着種が棲息している。モリゴキブリの一種 *Parcoblatta americana* と、新しく確認されたクリプトケルカスゴキブリ *Cryptocercus clevelandi* である。

アメリカ北東部の森林地帯に棲息する種は、モリゴキブリ属の四種——*P. Fulvescens*、*P. uhleriana*、*P. virginica*、*P. pensylvanica* である。南東部の州では、これらの種に加えて、*P. lata*、*P. zebra*、*P. bolliana*、*P. desertae*、*P. divisa*、*P. caudelli* も棲息している。

その他一五種の原産種（すべてがモリゴキブリというわけではない）がテキサス州で見つかっており、アメリカで二番めにゴキブリの種類が多い州になっている。最多ゴキブリ自生種賞はフロリダ州に行き、

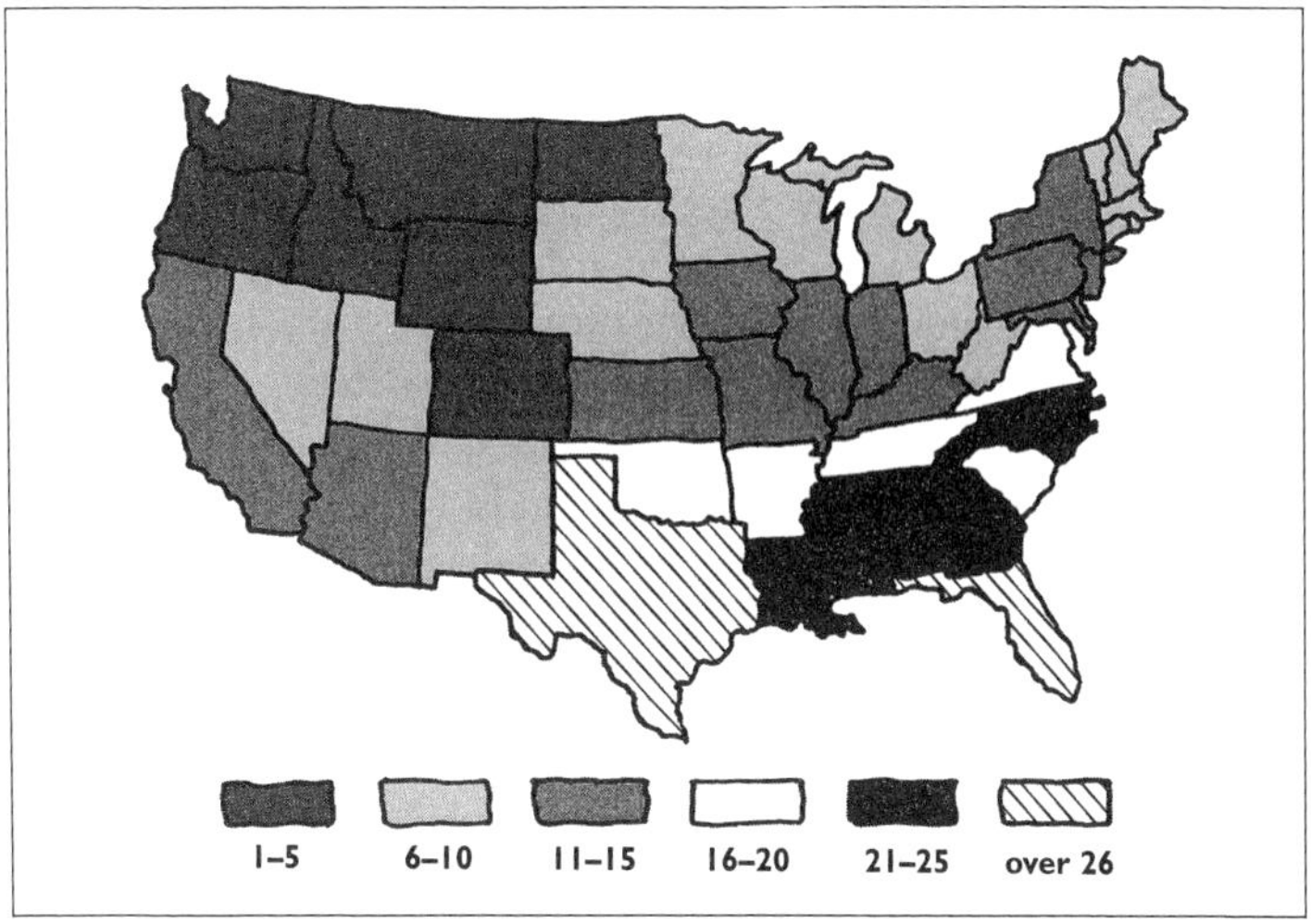

ゴキブリの種数　この地図は州ごとに発見された各種の数を表している。フロリダ州・テキサス州は、それぞれ41種、36種と、群を抜いて多い（原産種・外来種合計）。データは「ペスト・コントロール」〔害虫駆除〕誌に掲載された、トーマス・アトキンソン、フィリップ・ケーラー、リチャード・パターソンによるデータを基に手を入れた。

合計で二七種の原産種が棲息している。この目録の中には、コレクターが欲しがる種もいくつか含まれている――光沢のある赤茶色で幅広の *Hemiblabera tenebricosa*、半透明な黄色の *Plectoptera poeyi*、模様のきれいな、小型の毛の生えた *Holocompsa nitidula* といったものである。

住居周辺のゴキブリ

世界の三五〇〇種のゴキブリのうち、家につく害虫と考えられているのは五〇種だけである。これらの半数以上が、住居周辺にいる害虫――つまり家などの人工的な環境の中ではなく、その周辺に住むのを好むと考えられている。

住居周辺に棲息するゴキブリのうちの一種、ペンシルヴェニアモリゴキブリ *Par-*

coblatta pensylvanica は、北アメリカ大陸東部・南部・中西部の土着種である。ふつう、この種は楢、栗、松などの森に住んでいる(「モリ」と名がつくのはそのためである)。ところが、季節によって人家に住み着くようになった。特に冬の時期に、知らずに暖炉の薪といっしょに室内に持ち込んでしまったりするのである。一匹の雌のペンシルヴェニアモリゴキブリは、一つずつには三二から三六個の卵が入っている卵鞘を、多ければ三〇個も産む。このように、たった一匹の招かれざる客が、屋内での害虫の大発生の引き金になるというのは、めずらしいことではない。

五種類のギャング

アメリカでは、合計五種の家住性ゴキブリが、最も人目を引くものである。厄介なワモン、チャバネ、クロ、トウヨウ、チャオビの五種である。これらはみなアメリカ原産ではない。何十年も前に、偶然に持ち込まれた種である。

ワモン

ワモンゴキブリは紹介するまでもない。二七頁でもすでに取り上げた。最も広く分布するゴキブリだと言えるだろう。都市の下水設備で最も頻繁に出会う住民でもある。このじめじめした環境に一度居ついてしまうと、他へ散らばる必要はほとんどなくなる。一九五〇年代初めの、ある古い研究によると、六五〇〇匹の放射性物質で印をつけられたワモンゴキブリが、アリゾナ州フェニックスの地下で放された。六〇日後、一匹だけがその下水設備の外へ移住したことがわかった。そのゴキブリは、研究員が最初に放した地点から四〇メートルも離れていないところで捕獲された。

チャバネ

ゴキブリ科の一種、チャバネゴキブリ *Blattella germanica* は、クロトン虫とも呼ばれる。ニューヨークのクロトン・バレー水路ができてから、このゴキブリの居住範囲は、水道管やパイプを通って、一八〇〇年代に一気に広がった。成虫は明るい茶色で、背中に二本の黒い平行線が走る。雄・雌とも翅があるが、めったに飛ぶことはない。幼虫は翅がなく、親よりも黒っぽい体に一本の線が入っている。

クロ

クロゴキブリ *Periplaneta fuliginosa* は、近い親戚であるワモンゴキブリと同じく、世界各地で、外からどんどん住居の中に入って住みつくため、特に駆除の難しい種類である。テキサス州の南東部の郊外のある住宅で行なわれた研究で、一〇月・一一月の寒い時期に、卵をもった雌が次々と入ってくることが明らかになった。おそらく、卵鞘を冬の間暖かい場所に隠すための場所を見つけるためと思われる。住居の中の一二平方メートルの区画で六カ月間調査すると、約二万六〇〇〇匹のクロゴキブリの雌とそのつがいの雄が捕獲された。

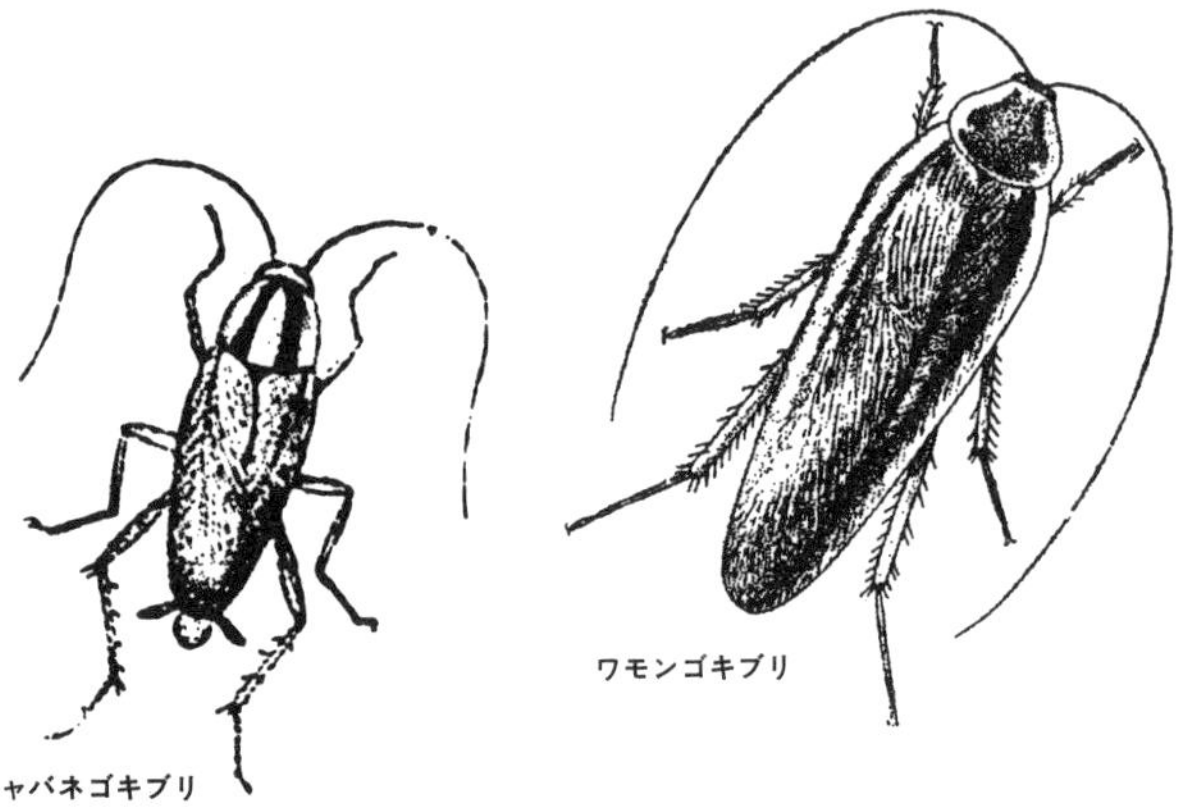

トウヨウ

雄のトウヨウゴキブリ *Blatta orientalis* だけが飛べる翅を持つ。雌は短い突起があるだけで、ずっと地上ですごす。この、明らかなハンディキャップがあるにもかかわらず、このアジア種は北米の全域およびヨーロッパ全土にその居住領域を広げた。

チャオビ

アフリカ原産のチャオビゴキブリ *Supella longipalpa* が、最初にアメリカに現れたのは、約一〇〇年前のことである。しかし、この住宅地の害虫が固い足場を得たのは、第二次世界大戦が終わり、兵士がゴキブリの入ったままの雑嚢を持ってアメリカに帰国してからのことである。一九六七年までに、ハワイを除く四八州中、四七州で報告された。このゴキブリは、熱を発する電化製品の内部などの暖かい所によくいるので、テレビゴキブリとも呼ばれる。チャオビゴキブリの死骸から出る体液が、コンピューターや電気

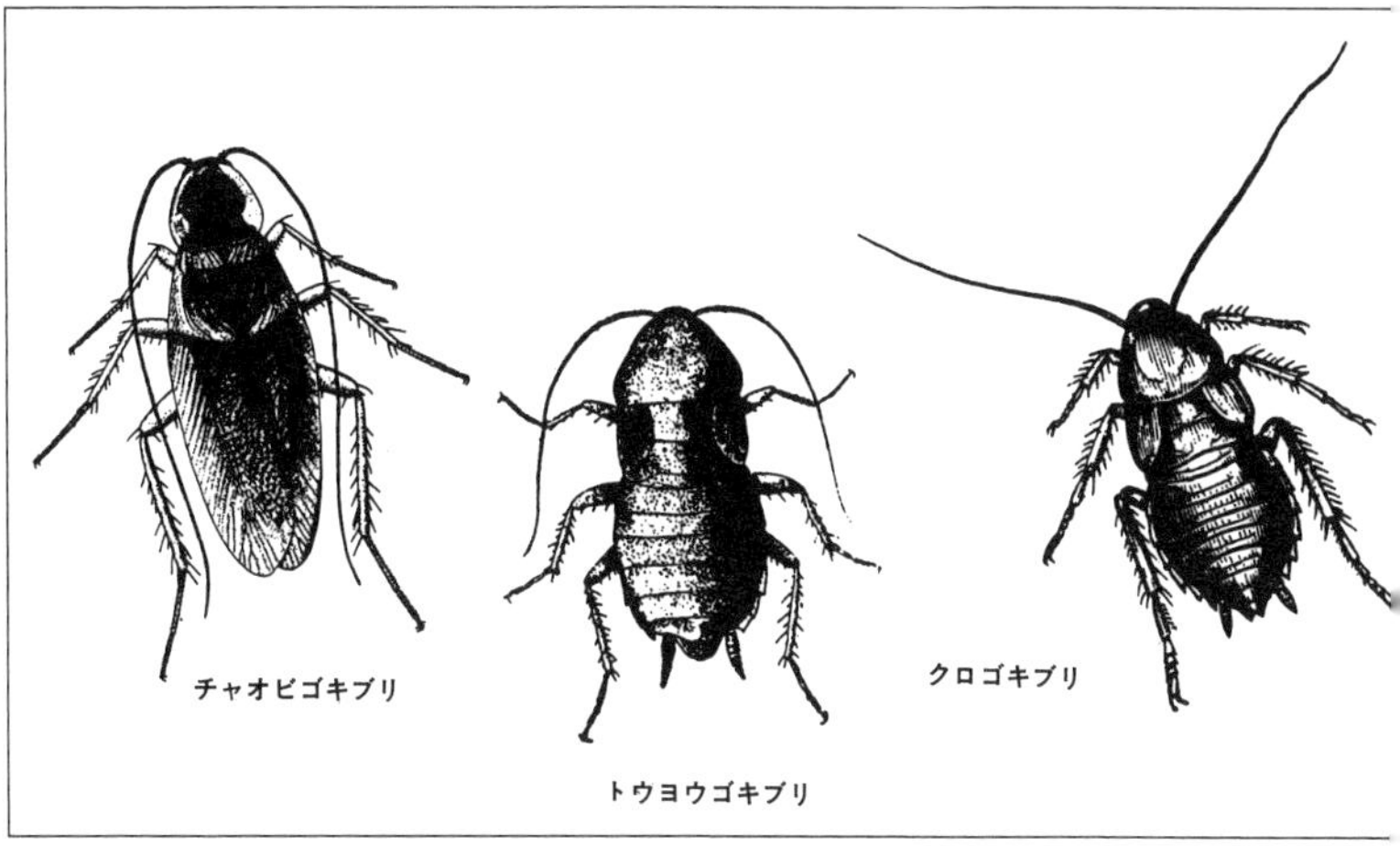

機器のショートの原因になることもある。

世界最大のゴキブリ

「この辺のゴキブリはネズミより大きいよ」という人がいる。しかしこれは、かなり大げさである。体長が一三センチ——健康なドブネズミ（参考までに、*Rattus norvegicus*）の体長の半分——を超えるゴキブリは、一匹もいない。

では、巨大ゴキブリとなるのはどういうものか。一九九五年の『ギネスブック』を信じるとすれば、記録に残る最大のゴキブリは、アルコール漬けにされたコロンビア産の *Megaloblatta longipennis* の雌で、これは現在、日本の山形県在住の横倉明氏のコレクションに収められている。この堂々たるゴキブリは、頭から尾の先までの長さが九七ミリあった。これはドブネズミの大きさには全く及ばないが、普通見かけるノネズミやハツカネズミと比べると、それほど小さくはない。

もちろん、いつも『ギネスブック』を信じていいわけではない。というのは、ギネスブックの編集者たちは明らかに、一九五九年の『ワシントン昆虫学会会報』(*Proceedings of the Entomological Society of Washington*)六一号に載った、アシュリー・B・ガーニーの短い論文を見落としているからである。この論文は、一〇〇ミリの *Megaloblatta blaberoides* の雌について詳細に記録しており、横倉氏のゴキブリより三ミリ大きく、本当の世界一巨大なゴキブリの座につくべきものである。南米のジャングルではありふれたこの巨大ゴキブリの翅は、端から端まで一七センチ以上もある。こんな大きな昆虫は何を食べているのか。当然、食べたいものは何でも食べるのである。

議論の余地のないこの二つの記録をよそに、オーストラリアの複数の専門家は、今なお、ノース・クイーンズランド原産の巨大な穴を掘るゴキブリ *Macropanesthia rhinoceros* が世界最大だと自慢している。専門的に言えば、確かに正しい。*Macropanesthia* は、雄も雌も、*Megaloblatta* 属のどの種のものより二センチほど小さいのに、体重は約三五グラムと、他のものよりはるかに重いゴキブリなのである。これは、単三電池の重さとほぼ同じで、ワモンゴキブリの成虫三六匹分の重さに匹敵する。

巨大な穴を掘るゴキブリ(ジャイアント・バローイング・コックローチ)という通称からもわかるように、これは穴を掘り、年間を通じて摂氏二〇度と快適な、地下数十センチの深さに巣を掘る。この中で、深い巣穴のまわりの腐葉土から集めた枯れ枝や落ち葉を食べて暮らす。巣穴はしばしば、ムカデやカブトムシ、セイヨウシミ、他の種のゴキブリ、また時には大きな蛙などと、共有している。

前脚の硬くて強い棘(とげ)のおかげで、このゴキブリは、モグラのように掘った土を後ろへ飛ばしながら

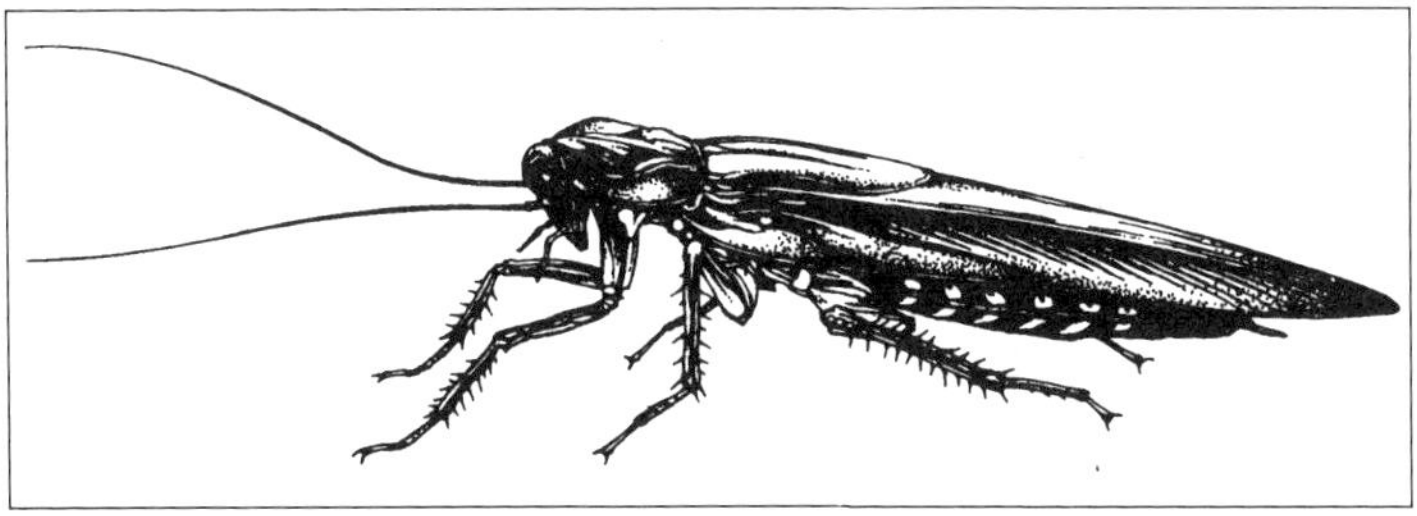

第1位——*Megaloblatta blaberoides*

穴堀りをすることができる。完成した巣穴の中を進むときには、棘はじゃまにならないように中に引込む。また、このゴキブリの前胸背板はシャベルのような形をしており、穴堀りの道具として役立っている。

成虫の雌は三〇匹にも及ぶ子どもを生む。子どもは毎年一一月ごろに幼虫で生まれる。幼虫は母親と約九か月いっしょにすごし、その後親離れをして自分で巣穴を堀り、そこに三、四年住む。成虫の雄はたいがい、まだ成長しきっていない雌といっしょに住み、雌が成虫になるのを待つ。そして若い雌と結ばれた後、雄は巣を去り、再び他の未婚の雌を求めて行くのである。

真の記録保持者

一九八六年七月、テキサス州ダラスにあるビジー・ビーズ・ペスト・コントロール・カンパニー〔害虫駆除会社〕が、州で一番大きいゴキブリに一〇〇〇ドルの賞金を出すと呼びかけたところ、予想以上の反応があった。二〇五匹の参加者から最終選考に選ばれたのは一四匹で、そのうち九四匹は死んでいた。コンテストのルールでは、参加できるのはアメリカ産のゴキブリのみで、外来の巨大種は認められていなかった。

優勝したのは、ダラスのサウスウエスト・ベル社勤務で製図の仕事をする女性、パット・カムデンのゴキブリで、なんと四九ミリだった。カムデンと二人の同僚は、職場でそのゴキブリが堂々と歩いているところを、殺虫剤を吹きつけて弱らせた。彼女は「ピープル」誌にこう告白している。「死んでしまった時はなんだか悲しかったわ。やっぱりキスしてあげなきゃだめかしら」。

カムデンたちの名声は長続きせず、フロリダで六〇ミリのゴキブリが出現した。ダラスの翌月に行なわれたオーランド・センティネルの大会で優勝したモリゴキブリである。ニューヨーク、フィラデルフィアなどの都市も、次々と後に続いた。一九八九年までに、ビジー・ビーズ社の大会の創案者の一人、マイケル・ボーダンがテキサスのプラノに事業を移転してからも、大ゴキブリ探しは世界規模に広がり、南アフリカやバミューダなどからも参加者が来た。

今やボーダンは、ただゴキブリの大きさだけに目を向けてはいない。彼の所有する、ちょっと風変わりなゴキブリの殿堂では、毎年ゴキブリベストドレッサーコンテストが開催され、リベローチ〔ピアニストのリベラーチェをふまえる〕やマリリン・モンローチなどの有名人が出場する。宣伝ビラにはこう書かれている。「創造力を発揮してください。そして心臓の弱い人のためにくれぐれも死んだゴキブリを使ってください」。

「オリンピックの開催地を宣言するような大都市が、なぜ世界に通用するゴキブリ一匹を狩り出すことができないのか」。コラムニストのジム・オークマーティーは一九九〇年の「アトランタ・ジャーナル」紙上でこうこぼした。オークマーティーは、アトランタが四度、大ゴキブリのコンテストに挑んだことを引き合いに出し、世界一の座を何度も勝ち取れなかったのは、「ゴキブリが少なかったからではない。それは家にじめじめした地下室がある誰もが証明できる」と述べた。

蟻とくつろぐ

Macropanesthia と正反対のサイズなのが、体長二・四ミリの *Attaphila fungicola*――形も大きさも、胡椒の実を半分に切ったようなゴキブリである。社会性昆虫（アリ、シロアリ、スズメバチ、ミツバチなど）と深くかかわって生活するゴキブリは数十種類いるが、その中の一種である。このゴキブリは、熱帯のハキリアリの地下の巣で一年中暮らす。ゴキブリは、アリが自らの栄養摂取のためにせっせと作りだすバクテリアを食べて生き、そのお返しにアリの糞の掃除というサービスを提供している。

Macropanesthia の足は、土を掘るために変形している。

Attaphila fungicola の雄も雌も、巣の中で大きな兵隊アリの背中や頭に乗ることがわかっている。メスの足には発達した吸着パッドがついていて、ハキリアリが周期的に群がるときにその羽のついた体にしっかりしがみつくことができる。このようにして、繁殖力の強い雌のゴキブリは、熱帯林の別の場所へアリに乗ったまま運ばれ、その新しい巣で自分たちもちゃっかりくつろぐのである。雄は、歩いて移動する他のアリが残した匂いをたどって新しい巣を見

つけているらしい。

森の空中ゴキブリ

ゴキブリを頭上に探そうと思う人はほとんどいないだろう。しかし、生物学者のドナルド・ペリーがゴキブリを見つけたのは、コスタリカの、人の手が入っていない熱帯のジャングルの高いところだった。ペリーの直接の報告『森の高いところにいる生命』（*Life Above the Forest Floor*）によると、ここでは大きな、地上生活型のゴキブリに代わって、驚くほど美しい、小さな空中生活型のゴキブリが勢力を誇っている。七〇年代初めにペリーが研究を始めたころは、森林の高い所にいる生物についての研究は、勇気のある先駆的な科学者だけがやることだった。研究場所は、時には高さ六〇メートルものところにあり、そこへ行くために冒険心の強い生物学者だった彼は、ナイロンの登山用ロープを矢に縛りつけ、弓で森の林冠を形成する葉群の層の中にその矢を放ったりした。

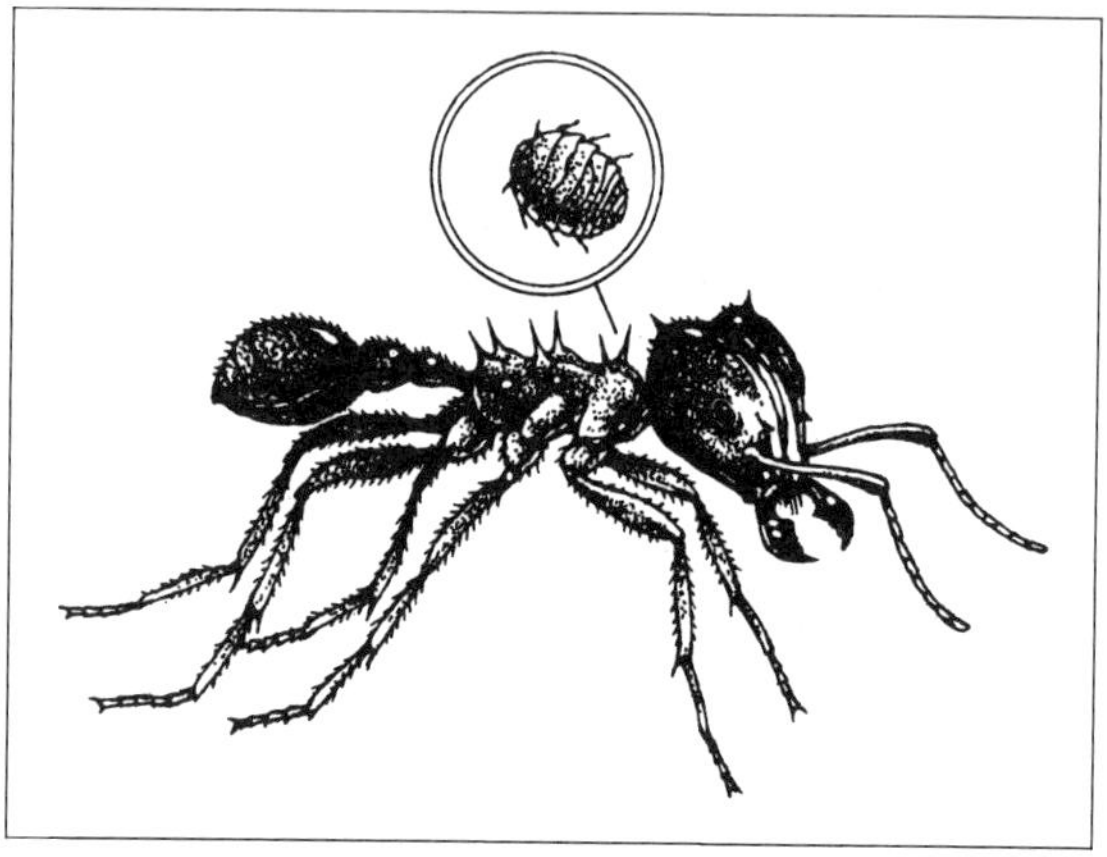

パナマの低地森林の生物学者たちは、空中のゴキブリなどの高木性の昆虫について、より地に足のついた研究を行なうようになった。スミソニアン研究所のテリー・アーウィンは、商業用のダイナ

フォッグ噴霧器を蚊の駆除のための装置に改良し、森林の林冠に上げて、まる一分間、殺虫剤を噴出させた。このスプレーの雨によって、昆虫の死骸が木々の下に敷いたシートの上にばらばらと降って落ちた。昆虫は集められた後、それぞれ系統によって分類され、特定された。

オハイオ州立大学の昆虫学者フランク・フィスクは、一年のいろいろな時期ごとの、高いところにいるゴキブリの相対的な量を決定するために似たような形で集められる標本を見てきた。乾期の終わりには、一六種二一八四のゴキブリの成虫を確認した。その二、三か月後、雨期の始まった時には、乾期の時の四倍の数が確認された——合計九九一四、一七種だった。この数字で、パナマの森林の高いところに住むゴキブリは、夏の乾期にはあまり活動せず、秋に最初の豪雨が降った後、活動的になることが証明された。

洞穴のゴキブリ

熱帯林の洞穴は、ゴキブリが繁殖するのに、理想的に近い環境である。高い湿度が保たれているため、洞穴の壁に水滴がたまり、飲み水に不自由しない。食物も豊富である——多量のバクテリア、洞穴に住む他の動物やコウモリの糞や死骸などである。

一九八〇年、アメリカ自然史博物館の昆虫学部の技師、デヴィッド・ブロディーは、映画『クリープショー』〔「ぞぞっとする」といった意味〕のためにゴキブリを収集する契約を結んだ。そして、カリブ海にあるトリニダードの島の森の奥へと向かった。

仲間のレイモンド・A・メンデスといっしょに森に来たブロディーは、本物の「何でも入る穴(グローリーホール)」に出くわした。奥行き六〇メートルほどの洞穴の一部が、コウモリの糞で覆われていて、その上に数えきれないほどの巨大なゴキブリが群がって、糞を食べていた。ブロディーによると、ゴキブリがあまりびっしりといるので、その動きで地面がうねっているようだったそうだ。

この気味の悪いところに必要以上長くいたくなかったブロディーとメンデスは、さっさとビニールの袋にゴキブリを取って入れた。最終的に二人は二〇〇〇匹を集めて、薄いベニヤ板の枠で補強した卵のケースに入れて、アメリカへ船で送った。彼らの努力は、『クリープショー』の終わりの方にあるシーンで見ることができる。映画俳優E・G・マーシャルの額の裂け目から、何千ものゴキブリが飛び出してくるという、グロテスクな映像である。

この巨大ゴキブリは、洞穴によくいる一握りの種のうちの一種だが、これらの種類のものはそういう住環境だけにいるわけではない。完全に暗闇に生きる動物となった種もたくさんある。*Nocticola caeca*はその一つで、フィリピンのルソン島の洞穴に住む、弱々しい姿の虫である。他の洞穴居住性無脊椎動物と同様、この種は生まれつき目がなく、周囲の情報は他の器官、触覚と嗅覚から得る。

都市のゴキブリ

科学的根拠はないが、大都市では人間一人に対し、少なくとも一〇匹のゴキブリがいるという意見は、多くの人の支持するところである。この推論を正しいとするなら（実際のところ、こんなことをどうすれば証明できるだろう）、ヒューストンには約一億六〇〇〇万匹、ニューヨークと同規模の大都市には少なくとも五億七〇〇〇万匹のゴキブリがいることになる。

主要都市におけるゴキブリの数の、もっと現実的な尺度は、駆除に使われた金額である。この情報を提供してくれた、ゴキブリ駆除薬品のメーカー、コンバット社に感謝する。六五頁の数字（表1）は、同社が一九九四年に集計したものである。

昔、ボルネオのジャングルで、私は枝を集めて作ったオランウータンのねぐらを偶然見つけたことがあった。葉がまだ新しく、前の日の夜に作られたばかりらしかった。私はねぐらに登り、枝葉をほぐして、どんな造りになっているのかを観察しようとした。大きな枝を引き抜いた時、ゴキブリが三匹飛び出して、逃げていった。今考えると、それは、五〇万年前、北京原人の流れをくむ我々の遠い祖先が最初に住んだ洞穴に、初めてゴキブリが侵入したときの状況は、まさにこうだったのではと、私には思われた。我々人類のごく初期の母は、そのときどんな反応をしたのだろう。ゴキブリを無視しただろうか。これから生まれてくる何世代になるかわからない子孫の住処を整えるために、ゴキブリを潰しただろうか。それとも、我々の母の先祖は、それを口に持っていっただろうか。——ウイリアム・ビーブ『ニューヨークの見えざる生活』*Unseen Life of New York*（一九九三年）

屋内のゴキブリ侵入の規模を推測するのは非常に難しい。特に建物の別の場所から、あるいは屋外から新たなゴキブリが次々と入ってくるとなると、非常に困難である。科学的に説得力のある数字に達するために、研究者らがよく使うのは、「印を付けて再度捕獲する」方法である。捕まえられたゴキブリは、塗料を塗られて色分けされたり、放射性同位元素で印を付けられたりする。その後、放されてそれぞれ好きな住処へ帰って行く。あらかじめ決められていた期間の後、二回目の回収が行なわれ、研究者は可能なかぎりのゴキブリを捕獲する。捕まった最初の群のゴキブリの数を数えてから、統計学の数式を使って、ゴキブリ棲息総数のおおよその規模が計算されるのである。

たいていは、研究者や害虫駆除の技術者は、何十年もかけた実地観察に基づく事例をもとに、優れた専門的な判断をする。このような略式の方法は、コンバット社の研究所が後援するコンテストのときに、オースティン・フリッシュマン博士（通称「ゴキブリ博士」）によって使われた。一九九四年と一九九五年の二回、彼とコンバット社の同僚らは、三〇州からの何百もの参加者の中から、最もゴキブリの被害のひどい家を六軒選びだした。その六軒――ニューヨーク、フィラデルフィア、ダラス、モービル、タルサ、ジャクソンビルの家――は、ゴキブリ博士じきじきの監督のもとに、無料で駆除を受けた。

そのうちの一軒のゴキブリ棲息数は異常に多くて、家族はその家をほとんど放置状態にするしかなく、バンの中で寝起きし、食事はいつもファストフードのレストランですませていた。ダラス・モーニング・ニューズ紙によると、フリッシュマン博士は、この家に住みついているゴキブリは一万匹以上だとして、五段階（五を最悪とする）の二・五と決定した。住人が電気をつけたまま就寝し、毎朝シャワーカーテンについているゴキブリの幼虫を振り落とすという住宅もあった。フリッシュマンは

（表1）

都市	ゴキブリ退治製品売上高（単位　百万ドル）
ロサンジェルス	15
ニューヨーク	10
ヒューストン	7
マイアミ	6.3
ダラス	6.1
サンアントニオ	5.7
ボルティモア	4.7
ニューオーリンズ	4.6
タンパ／セントピーターズバーグ	4.5
バーミンガム	3.5
オーランド	3.0
アトランタ	2.9
サンディエゴ	2.5
サンフランシスコ	2.3
フィラデルフィア	2.2
フェニックス	1.9
シカゴ	1.8
リッチモンド	1.8
ローリー	1.7
ジャクソンビル	1.7
シャーロット	1.3
サクラメント	1.1
ロアノーク	0.82

> コンピューター・ゲーム「バッド・モホ」では、プレーヤーはゴキブリになって、サンフランシスコのホテルやバーのまさに内幕（インサイダーズビュー）を見ることができる。

この平屋建ての家を、六万から一〇万匹のゴキブリが住むとして、段階は三とした。段階五というのは、「部屋に入ると、見えるだけでも何千匹というゴキブリがいて、見えないところに数万匹いる」家だそうだ——彼が以前、きわめて管理が悪い家で目にした状態である。

国会議事堂のゴキブリ

一九八二年、米国農務省に属するゲーンズビル研究所の昆虫学者のフィル・ケーラーとリチャード・パターソンは、政府から呼び出された。その任務は、チャバネゴキブリの下院への侵入を阻止することだった。この生命力たくましい害虫は、もう何か月も、下院とその隣接するオフィスビルのコーヒーの自動販売機や昼食用のラウンジを植民地にしていた。ワシントン在住の害虫駆除専門家はみな、これにお手上げだった。ケーラーとパターソンはどうアドバイスしたのだろうか。

二人は下院の会議場から二、三〇〇匹のゴキブリを集め、殺虫剤実験のためすぐにゲーンズビルへ飛び立った。その実験から、長年使用しつづけた結果、ほとんどの殺虫剤がこのゴキブリには効かなくなっていることがわかった。「そのゴキブリがどの化学薬品に対して抵抗力を持っているのかを知る必要がありました。そうしないと次はどんな殺虫剤を使ったらいいか答えられませんから」と、フィル・ケーラーは後に語った。

現在、そのゴキブリの子孫たち（これを書いている時点でだいたい五六代目）は、米国農務省およびウィスコンシン州ラシーンにあるS・C・ジョンソン社の研究所など数か所で飼育されている。このゴキブリの名はHRDCという――コロンビア特別区下院という住所（House of Representatives, District of Columbia）の頭文字を単純に並べただけである。

「HRDCは実に多くの薬品に抵抗力を持っていますから、我々は効き目をチェックするためにこのゴキブリを使っています」と、ジョンソン社昆虫開発部長キース・ケネディーは、一九九四年の「サイエンティフィック・アメリカン」誌の中で語っている。「異常にタフなゴキブリのようですが、ワシントン出身というのはいかにもとしか言いようがありません」。

ケーラーとパターソンが、議会のゴキブリ問題を解決できたかどうかは、不明である。しかしいくら効く殺虫剤をもってしても、下院そして下院議員から害虫をすべてたたき出せるかどうかは、疑問である。

> ゴキブリは、一九七四年のパトリシア・ハースト誘拐犯の手がかりをFBI捜査官に与えた探知器（バードドッグ）だった。始まりは、サンフランシスコのアパートの大家が、住民の「ゴキブリが上の階の部屋から壁をつたって下りてきた」という苦情に答えたことだった。空き部屋になっていたその部屋に大家が入ったところ、そこはシンビオニーズ解放軍のアジトとして使われていたことが後にわかった。ジェリー・ベルチャーとドン・ウェストの共著『パティ／タニア』*Patty/Tania, Pyramid Books*（一九七五年）によれば、ゴキブリがきっかけとなったこの発見は、この有名な事件の解決につながる第一の確実な手がかりとなった。

3 三億四〇〇〇万年の歴史

地質学上の証拠、多くは翅が化石になったものから、ゴキブリが少なくともおよそ三億四〇〇〇万年前に出現していたことがわかる。五〇億年におよぶ地球の歴史の中にあって、この時代（石炭紀初期と呼ばれる古生代の一時期）には、今日、北アメリカ、南アメリカ、アフリカ、オーストラリア、アジア、ヨーロッパ、南極と認識されている大陸は全て、大きな一つの陸地の一部分だった。この陸地の内部はほとんどが沼地であり、地球上の石炭の堆積物を形成した広大な森林を養っていた。

石炭紀の森は、この当時はまったく別物だった。これらの森林の大部分は、高い樹木（まだ地球上には出現していなかった）ではなく、二メートルから三メートルほどの巨大なシダ状の植物やリンボクで構成されていた。この一風変わった緑の茂みの足下には、小さな新参の植物――現在のソテツやイチョウ針葉樹の祖先――が育っていた。この時代には、色彩豊かな花だとか、おいしいトロピカルフルーツといったものはなかった。それらはこれから進化しなければならない。種、果実、花蜜、花粉といったものは、あと二億年経ってからでなければ現れてこない。

人類の祖となった霊長類が初めて現れるのは、三億年後のことである。恐竜が現れるのも、まだまだ後――およそ一億五〇〇〇万年から一億八〇〇〇万年後――である。それにもかかわらず、この時代には、あるいは六〇〇種にも及ぶゴキブリがすでに繁栄していたのである。

あまりにもこの昆虫の化石が多いため、古生物学者は石炭紀に「ゴキブリの時代」というあだ名をつけている。一九〇〇個以上の標本が、イギリスのコヴェントリーの単独の発掘現場から取り出されている。そうしたことから、石炭紀には、昆虫のおよそ四〇パーセントはゴキブリだったと推測される（しかしながら一部の科学者は、ゴキブリが大きくてしっかりと殻に覆われた体をしており、さらに湿気の多い沼地を好むので――こういった場所では化石が形成されやすい――岩石内に保存されやすかったのだと主張している）。

ゴキブリの祖先

古代のゴキブリ類は、その子孫である現生ゴキブリとたいへんよく似ている。どちらにも長い触角、頑丈ながら扁平な体、血管がはりめぐらされたへら形の翅がある。古代のゴキブリ類には、現生のゴキブリと違って、卵を一つずつ生むための長い管がついており、地面の上でも木本（もくほん）シダ類などの植物の樹皮の下にでも産むことができるようになっていた。この管（産卵管と呼ばれる）は、通常、ゴキブリの体と同じくらいの長さがあった。古代のゴキブリの翅は、現生ゴキブリとは少し違った畳まれ方をしており、未成熟なこの種の腹部は、もっと細くてしなやかだった。しかしながら、石炭紀のゴキ

「言い伝えによれば、我々の祖先は白亜期初期に丸太の中に住んで朽ち木や泥を食べていた、ある心根の優しいゴキブリの子孫であるということだ」――『シロアリの王』*The king of the bellicosus termites*。ウィリアム・モートン・ウィーラーが、『昆虫と人類の弱点』*A foibles of insects and men*（一九二八年）で訳したもの。

ブリと現生のゴキブリとの違いと言えるのは、これだけである。

ゴキブリの時代には、生きた、あるいは朽ちた植物が豊富にあったので、食料不足のせいで死ぬゴキブリは少ししかいなかった。捕食性の昆虫は影さえなかった。危険な寄生蜂（一九二頁参照）が進化するのもこれからである。蜘蛛やムカデや沿岸に住む数種の魚から逃れることができさえすれば、どんなゴキブリでも生きのびることができた。

地球上の一つに固まっていた地形が何千万年をかけてゆっくりと分離し、大陸移動と呼ばれる現象で七つの大陸が形成され、ゴキブリの先祖の各系統は、地理的に分離された。ある種が絶滅する一方で、新たに種が進化した。まったく新しい種族の昆虫――甲虫、蜂、シロアリ、蟻を含む――が化石となったものの中に目立つようになってくる。この頃――ざっと一億年前――には、現在の五科のゴキブリの始祖が現れたと考えられている。

植物と、それより後から現れた昆虫との関係はより特化して複雑になり、昆虫の種類がどんどん増えるのを促進しながら、ゴキブリと世界との関係は相変わらずだった。現生の鳥類、爬虫類、両生類、それに小さな哺乳類の祖先は、分布に占める割合を増しながら、幾千種となく飛躍的に現れた。今日ゴキブリが昆虫全体に占める割合は一パーセント以下――昔よりかなり割合が低くなっている。

ニューヨーク動物学学会の最も弁の立つ生物学者で『ジャングルの日々』（*Jungle Days*）の著者、ウィリアム・ビーブは、「ゴキブリを三日やったらやめられないというのが彼らのモットーだ」と書いている。「彼らはどこにでも住みつき、安全で中道の生活に満足し、大きくなるだとか明るい色になるという野心は滅多に抱くことなく、攻撃を仕掛けたり、自己防衛することさえなく、また自分史を書いて悦に入ることもない」。

その他の古代の昆虫

ゴキブリと同じ、あるいはもっと古い昆虫の化石も、多少は発掘されている。中でも最も古いもの、*Rhyniella praecursor* は、石炭紀よりも約四〇〇〇万年前に始まったデボン紀の昆虫である。この化石は現代の昆虫の主な特徴を全て有している――脚が三対あり、触角に環節があり、胴体が三つの部分に分かれている。

この時代のその他の昆虫には、現生のトビムシやシミに似た翅のない動物がいた。これらの原始的な生物が、デボン紀の浅い沼岸にある、じめじめした朽ちた植物の堆積物を住処としていた（そしてそれを食料にしていた）のはほぼ確実である。トンボも同じくらいに古くからいる。これらの化石として残ったものから鑑定すると、これらの昆虫の中には、翅を広げた長さが六〇センチ――現生種より四〇センチは長い――の巨大なものもいた。

生きた化石

クリプトケルカスゴキブリ *Cryptocercus punctulatus* は、現生のゴキブリが進化してきた系統の祖先に最も関係が深い。この昆虫の赤褐色の体は二三ミリから二九ミリで、背中や脇腹にたくさんの小さな窪みがある。この窪みはおそらくフェロモン——ゴキブリなどの昆虫が放つ芳香性の化合物で、同族を引きつけたり拒絶したりする——の生成に関係している。雌雄ともに翅がなく、脚は短くて太く、触角も現生のものとはまったく違う。これらの原始的な標本には余分なものが全然なく、ゴキブリというよりもシロアリによく似ている。

C. punctulatus は行動もシロアリに似ており、この二つの目（もく）には何百万年も前に共通の祖先がいたという考えを裏づけている。他の昆虫とは違って、この頭の茶色いモリゴキブリの成虫は、一生を緊密な集団で生活する。彼らは集団で朽木の中を一続きになった細長い廊下状に食べ進む。ところどころ少し大きな育児室がある。この朽木の中が、彼らが一生過ごす唯一の一族の住処となる。幼虫の面倒は、雌雄双方が見る。ふつう、幼虫はこの昆虫がつがいになってから一年後に生まれる。一度に生まれる幼虫は非常に少なく、三、四匹以上生まれることは滅多にない。

幼虫が孵化すると、親ゴキブリはシロアリととてもよく似た行動をとる——セルロースを分解する特別な原生生物を子に譲るのである。この場合、幼虫の餌として与えられる、腸内の特別な分泌液を通して伝えられる。この原生生物がいてはじめて、幼虫は食べた朽木から栄養分を手に入れられるのだ。

幼虫が、白から象牙（ぞうげ）色、金色、赤茶色、そして最終的にこげ茶色または黒へと順に体の色を変化させながら成長する。この間のおよそ三、四年、家族はいっしょに暮らす。幼虫がこの段階的に変化していく間、親ゴキブリは幼虫に餌を与えて面倒を見る。親ゴキブリの六年の寿命が尽きる頃、ようやく幼虫は自立を求められるのだ。

人類の歴史の中のゴキブリ

ゴキブリの大多数が野生の世界にある生態的地位(ニッチ)に満足している一方で、屋内へ移住するチャンスを摑んだものもいる。この大胆な進歩は、おそらく二〇〇万年前、我々の遠い祖先の直立原人(ジャワ原人、北京原人とも呼ばれている)が、熱帯アジアおよびアフリカで洞窟の中に住処を求めていた頃に生じたものだろう。これらの土地で覆いをかぶせただけの小屋などの粗雑な住処を築いていた初期の人類は、文字どおり、ゴキブリにドアを開け放っていたのだ。この構造は、洞穴式住居の快適さをすべて、どっさりと提供することになった。人類は季節的な食糧不足に備えて食料庫をいっぱいにしておくことを学び、そうなると、人類は不注意にも、隙間を通って押し入ることのできる大きさの全てのただ乗り屋に、一生分の栄養豊富な食料を保証することになった。

我々の祖先は、アフリカ、アジア、中東を横断して村落を築きながら、ゴキブリを引き連れていっ

「ミネアポリスで、バナナの房の中に、次のような博物学の対象が隠れているのが見つかったと聞いたら、読者は驚くことだろう。その物体とは、体長三五センチの蛇(動物を絞め殺す大蛇)の子、胴体の幅が一〇センチの大型のカニ、二種のサソリ、大型のムカデ(オオムカデ属)数匹、大型の黒いゴキブリ、一般にタランチュラと呼ばれる大きくて毛むくじゃらのトリクイグモ、多くの小さな昆虫などの生物である」——『ミネソタ州のバッタ、イナゴ、コオロギ、ゴキブリ等』*Grasshoppers, Locusts, Crickets, Cockroaches, Etc. of Minnesota* ミシガン大学昆虫学科農業試験場(紀要第五六号)

た。こういった親切心によって、この種族は、放っておけば住めないような場所にも移住することができるようになった。今日、ゴキブリは人類同様にどこにでも――ノルウェーやスイスの山頂の小屋からアラスカ州フェアバンクスの蒸気のトンネルにいたるまで――見られる。一九二〇年代には、イギリスのグラモーガンシャー付近の炭坑にも、かなりの数のワモンゴキブリが姿を現し、地下六六〇メートルのところで栄えていた。この、至る所にいる昆虫は、もうすでに宇宙を旅したことがあるのかもしれない。

初期のゴキブリの記録

「ゴキブリの類について語る人間は少なくないが、ゴキブリと呼ばれるものが何か、きちんと正確に説明した者は皆無に等しい」というのは、一六五八年に初版が出版された、トマス・ムーフェット『昆虫の劇場――あるいは小さな生き物たち』（*The Theater of Insects: or, Lesser living Creatures*）の、第一八章の書き出しである。クモや昆虫に夢中になっている〈医学博士〉のことは、『小さなマフェットさん』（*Little Miss Muffet*）（伝説のマザーグースの手になる童謡集にいくつかある、風刺的な童謡の一つ）で不滅のものになっているが、ムーフェットはたくさんの噂を葬った。ゴキブリはローマの作家の小プリニウスが主張するような「耳の中で育つ虫」ではないし、また詩人のホラティウスが公言したような「衣類や本を食べる小さな虫」でもないといった具合である。

ムーフェットは、当時の学者にこう語っている。「さて、ゴキブリ（ブラッタ）は夜中に飛ぶ昆虫である。甲虫に似ているが鞘翅を欠くものである」。そして現存したゴキブリの三種について述べた。ゴキブリ（コックローチ）という言葉はまだ英語の中に取り入れられていなかったので、ムーフェットはこの三種の動物をまとめて「モス」〔通常は蛾のこと〕と呼んだ。それでも、ムーフェットによるゴキブリの「光が当たるとさっと走り、人を困らせて平気な、がさつで盗みをはたらく、ひどい作法で夜の食べ残しをあさって生きる」という記述、ならびにその生息地〔屋外便所の近辺、排水溝や湿気があってじめじめした場所〕から考えても、この昆虫が本当は何であるのかは簡単に推測できる。ムーフェットは「神はこれらの生き物に雑多な長所を授けた」という言葉をもってゴキブリに関する章を締めくくっており、その正体をはっきりさせたとはいささか言いがたい。

ムーフェットによれば「柔らかなモスは頭が小さく、そこからどんな向きにも動かせる角状管が二本伸びていて」、「床屋の鋏」に似た二股に分かれた尾と「炎の色の翅」がある。粉ひき小屋、または

ムーフェット『昆虫の劇場』*The theater of Insects* のゴキブリの木版画

パン焼き小屋のモスというのは「普通の柔らかなモスよりも体長が長くて厚みがあり、もっと光沢のある黒色をしていて、小さなフォーク状の口が、いわば腹の下についている」。この「不愉快で厭な臭いのするモス」には翅がなく、体はてらてら光る黒色で、「そばにいるといらいらするばかりでなく、この不潔のシンボルがいる、そこに不快感を与える」ものである。

今日トウヨウゴキブリと呼ばれる「厭な臭いのするモス」は、中央アジアや中東のマーケットやバザールからラクダに揺られてシルクロードを渡り、ヨーロッパに移入したのだろう。温度の高い風土に慣れているため、この動物は室内に隠れ場を求めた。それはワインセラーや貯蔵庫、あるいはムーフェットによれば古き良きイングランドのある教会のいちばん上の部分といったところだった。ムーフェットの時代には、トウヨウゴキブリは「黒い甲虫」「黒い時計」とも呼ばれていた。後者の呼び名は、この昆虫が時計のように几帳面に、日没時に現れることによる。これらの昆虫が居間に飛び込んできたり、薄闇の中でこれと突き当たることがあると重病になったり死が訪れると多くの人は信じていた。

昆虫移入の第二弾はチャバネゴキブリである。これはおそらく七年戦争（一七五六〜一七六二）の後、プロシアから引き返していく戦士の運ぶパン籠に入ってヨーロッパをヒッチハイクしていったものと思われる。その当時まで、ロシア人はこの種に限ってプロウサキ（プロシアゴキブリ）と呼び、他の種はどれもタラカンと呼んで区別していた。モスクワ在住のアメリカ人記者、マーティン・ウォーカーがソビエト社会主義共和国の全盛期に「モスクワにはかつてゴキブリはいなかった、この小さな動物が初めて見つかったのは、一九五五年にキエフスキーの駅にアフリカの学生の一団がやってきて、点検のためにスーツケースを開けた時だったと、まじめに語るロシア愛国者がいる」と報じている。「それはでたらめだ」と、彼はモスクワの真北にあるタラカノフという古い町を、ゴキブリが昔から共産党員だったことの証拠として挙げて断じている。「ゴキブリはボルシチと同じくらいロシア産だ」。

海のゴキブリ

ムーフェットの本が出版されたのと同じ頃、イギリス、スペイン、ポルトガルなどの船乗りたちが、異国の寄港地から寄港地へと、せっせとゴキブリを運んでいた。

水と食料が豊富にあって、入り込む隙間や割れ目も多く、避けなくてはならない天敵はあまりいないとあって、こういった脆い木の船に乗り込んだこの昆虫は、うまくやっていたのだ。一五八七年、サー・フランシス・ドレークが、東からの香辛料を満載したスペインのガリオン船サン・フェリペ号を捕獲したとき、その中には、厄介者も同じようにいっぱい積み込まれていた。ムーフェットによれば「翅のあるモスの驚くべき一団である。ただ我々のところにいるものよりも大きく、黒ずんだ色をしている」。ドレークはおそらく彼の船、ゴールデンハインド号にこの外国産のゴキブリを乗せたのだ。一五八〇年、ゴールデンハインド号がイギリスの母港プリマスに戻った年に、このペリプラネタ属 *Periplaneta* の「黒ずんだ」昆虫が、かの地の無脊椎動物群に加わったのである。

その他の属のゴキブリの代表には、西アフリカの海岸から出発した奴隷船に乗ってはるかな土地へ行く無料渡航権が与えられた。これらの船はトリニダートなどの新世界の開拓地に人間の積み荷を降ろし、かわりに南国の果物やスパイスなどの貴重な商品が満載された。これらの品物の間には、数種のゴキブリの卵鞘、幼虫、成虫が隠れていて、ヨーロッパの家庭や市場にあっという間に順応した。

船によって運ばれた種の一つで、顕著な斑紋をもつイエゴキブリ *Neostylopyga rhombifolia* がたどった遠回りのルートが、一九四五年、フィラデルフィア自然科学アカデミーで昆虫を担当する、ジェームズ・A・G・レーンによって詳しく説明されている。『人類の招かざる道連れ——ゴキブリ』(*Man's Uninvited Fellow Traveler—The Cockroach*)(現在でも、ゴキブリの広がり方に関する情報の最高の資料である)には、この種がフィリピンからスペインのガリオン船に乗ってメキシコ西海岸のアカプルコ港へと移入された経緯が示されている。これらの船の積み荷は陸揚げされ、陸路でアメリカ大西洋岸へと運ばれ、そこからまた別のガリオン船に積み込まれてスペインへと向かった。レーンの説では、このルートで、ゴキブリは世界の四分の三周を移動し、さらに可能な限りの地域に広がる機会を得たのだという。イエゴキブリの生息範囲は、アリゾナ州との国境に近いメキシコのソノーラ州ノガレスといった暑い地域にとどまったものも含めて、今やマレーシアからアフリカ東海岸に広がっている。

ゴキブリは一八世紀から一九世紀にわたって、船や乗客や積み荷や船員の厄介者だった。一八三〇年代にイギリスとオーストラリアの間を航海した昆虫学者のR・J・ルイスは、これらの昆虫は「たいそう豊富にいて、船内の材木と外板の間の、あらゆる場所でお目にかかった」と書いている。彼はこうも言っている。

何にせよ食べられるものに対するゴキブリの被害は、たいへん広範囲にわたった。ビスケットは程度の差はあっても一つ残らず、ゴキブリにやられた。積み荷の、汗をかかないように穴を開けていた三百箱ものチーズも、あるものは半分ほどむさぼり食われ、彼らが食い荒らした痕跡を残さないものはないほどの、相当の損害を受けた。

ゴキブリは、快速船や蒸気船の船員に対しても、劣らず貪欲だった。J・G・ウッド牧師は、一八

このヴィクトリア朝時代のイギリスのリトグラフには、全盛期のゴキブリが海辺ではね回っている様子が描かれている。

庶民に伝わる知恵を一つ。「ヤマゴボウの根をゆでて、たくさんの糖蜜を混ぜると、ゴキブリがたくさん殺せる」

六三年にロンドンで出版された『図解自然史』(*Illustrated Natural History*)で、ゴキブリは「休息を求めて無駄な足掻きをしている者に対して、いやな臭いと、顔や手足を這い回ることで、眠気を追い払う」と書いている。一九〇八年に出された『アメリカの昆虫』(*American Insects*)の著者ヴァーノン・ケロッグは、もっとひどいことを述べている。

ホーン岬まわりの半年の長旅を終えてサンフランシスコに入ってくる船の船員たちは、寝台で眠るとき手袋をはめている。これは船内にはびこるゴキブリの大群に指の爪を齧られまいとする必死の努力である。

今日では、ゴキブリを扱った『海上の勝利』(*Victory at sea*)を上演する人はいない。『ゴキブリの群集』(*The Biotic Associations of Cockroaches*)をいっしょに書いたルイス・M・ロスとエドウィン・R・ウィリス両博士によれば、一隻の船の特等室から二万匹以上のゴキブリが捕獲されたという。また、一〇か月の南太平洋の航海を終えてサンフランシスコ湾に停泊した蒸気船ウィリアム・キース号に乗り込んだ害虫駆除担当官は、船倉一部屋あたり二〇〇〇匹のワモンゴキブリ、キャビン一部屋あたり二四匹以上のチャバネゴキブリを確認している。

コーヒー、紅茶、カクローチ、どれになさいますか

ゴキブリは海へと進出したのと同様、空にもやすやすとその生息地を広げている。おなじみの容疑者――ワモンゴキブリ、チャバネゴキブリ、トウヨウゴキブリ――は、飛行機の客室や貨物室、ギャレーにはびこる何十種の中にもちゃんと含まれている。調査をしたルイス・M・ロスとエドウィン・R・ウィリスは、ブラジルやプエルトリコ、ニュージーランド、ハワイ諸島、スーダンの飛行機から駆除された、同定できる種を二〇種と、同定できないものをいくつか列挙している。この昆虫は、プロペラが一つしかない最も簡素なセスナ機でさえ、古いチューインガムや、パイロットの弁当の包みからこぼれたパンくずが十分にあって、空の旅が出かけるに値する快適なものとなるということを知っているらしい。

飛行機内の食料は従来乏しかったので、ゴキブリは飛行機の翼の構造部分に使われた接着剤や塗料を食料として求めてきた。幸運なことに、これらの原料は今日の、主にファイバーグラスや軽金属で作られる飛行機の製造段階では使われなくなっているので心配するにはおよばない。しかしゴキブリ

> 「家の中の『ゴキブリ』を採集させてくださいと頼むと、スミス夫人は気を悪くする。そして、いつでも、この通り、掃除して塵ひとつない食品貯蔵庫やキッチンの中にそんないやなお客はいないと証明しようとする。しかし夜中にキャンドルを持って靴下をはいてキッチンなどに入れば、まず間違いなく『大漁』になる」――ヴァーノン・ケロッグ『アメリカの昆虫』*American Insects*（一九〇八年）

は今もなお電気の配線や船体の絶縁体を囓って、好ましからざる乗客となっている。

宇宙のゴキブリ

元気な開拓者ゴキブリにとっては、大気圏外さえもその進出をくい止めることはできない。この招かれざる探検家の少なくとも一匹は、すでに地球外の世界へ足を踏み入れたと思われる。

アポロ一二号の司令室、ヤンキークリッパーの打ち上げ前検査で、ケープケネディーのある作業員は、宇宙船の中に一匹のゴキブリの姿を目に留め、業務日誌にそのことを記している。この作業員の報告は、『飛行準備再調査』では「未処理事項（オープンアイテム）」とされ、さらに調査すべきことになっていた。ヤンキークリッパーが月に向かってだいぶ進んだときになって、ようやく人々はこのオープンアイテムのことを思い出した。

船長のチャールズ・ピート・コンラッド・ジュニアは、一九八四年六月に出た「ヒューストンシティマガジン」の読者に語っている。「私はメモ用の厚紙にゴキブリの絵を描いて、司令室の中のカメラのレンズに向けました。私は彼ら［ヒューストン宇宙管制センター］に、日誌にあったあのオープンアイテムを解決したと言ってやったつもりです」。

この勇気ある昆虫の最終的な運命は謎のままである。この昆虫は打ち上げの前にヤンキークリッパーを放棄したのかもしれない。カプセルの乗員といっしょに密閉されて、計器操作卓のちょっとした隙間に安全におさまって、月へと旅して、戻ってきたのかもしれない。

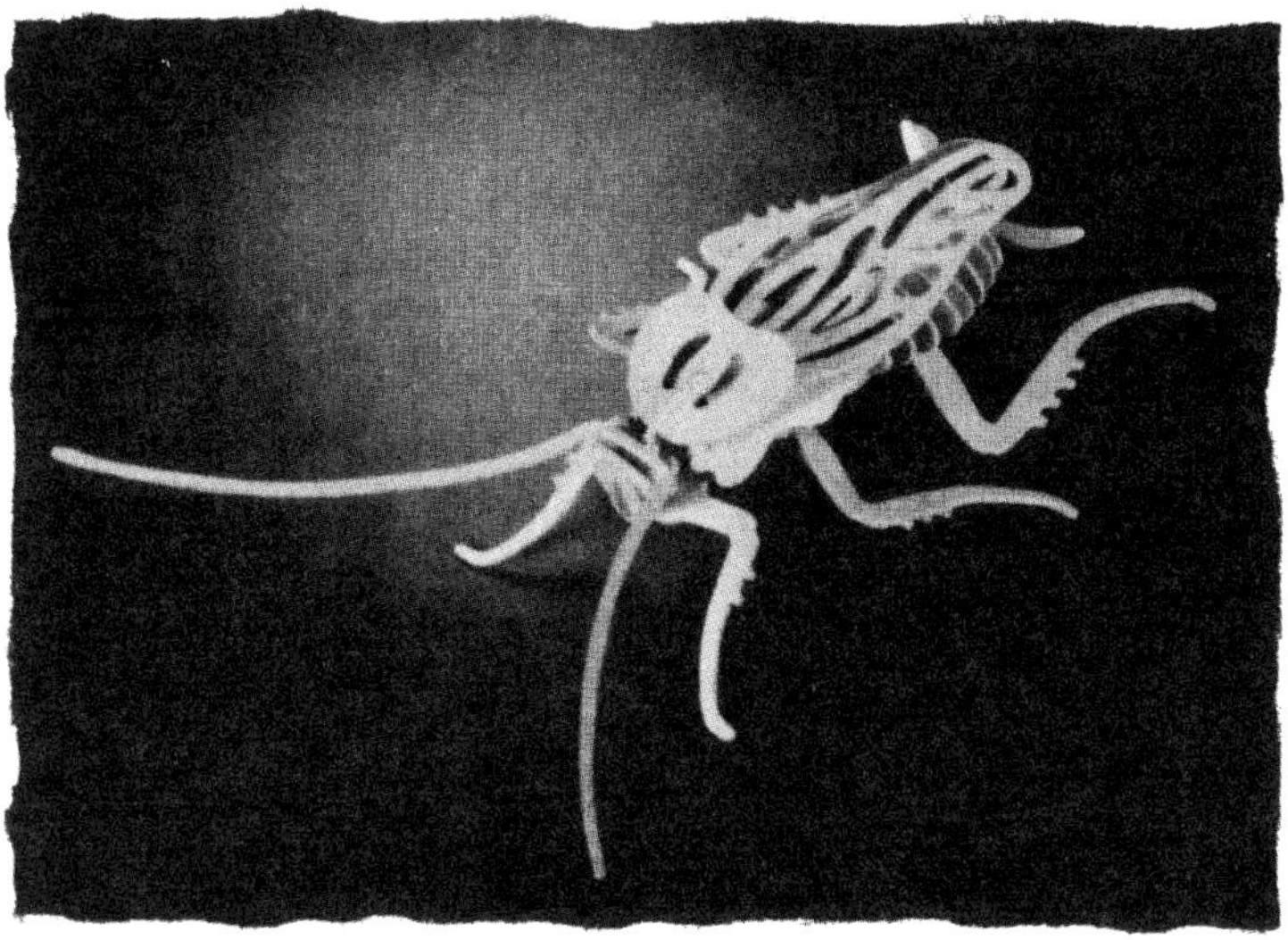

サファリ社のゴキブリパズルの完成図。これは解剖学的にも正確である。

「もしかするとアポロ一二号の宇宙飛行士が月面に着陸する前に月着陸船のイントレピッド号とドッキングしているときに、ゴキブリはこそこそと開いたハッチを通ってLM〔月着陸船〕に乗り込んで、宇宙でいちばん近いお隣の地表で何らかの形で生存しているかもしれない」と「ヒューストンマガジン」は説いている。

絶滅の危機にあるゴキブリ

一九五一年にJ・W・H・レーン（先ほどのジェームズ・A・G・レーンの息子）が「濃い暗褐色から黒っぽい」ゴキブリとはじめて記したツナケーヴゴキブリ *Aspiduchus cavernicola* は、かなり大きく（四センチ半から五センチ）、プエルトリコ南部のグアイヤンニヤ地区のクエバ・コンヴェントという、洞穴が網の目のようになっているところに住む。このツナケーヴゴキブリは居住区域

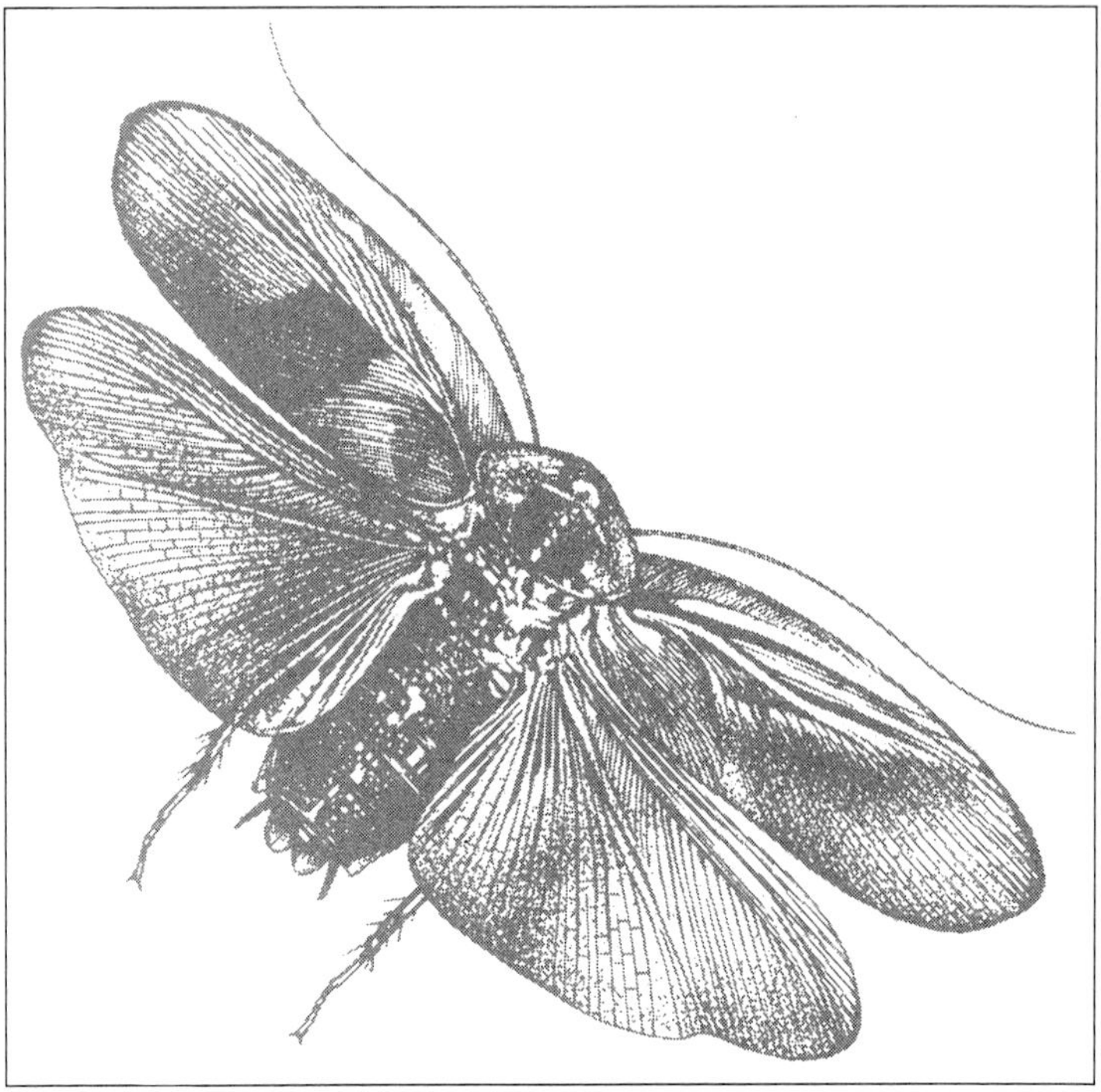

巨大な飛行家、ブラベウス・ギガンテウス *Blaberus giganteus*

が限られており、またその立地が住宅地や産業の発展によって破壊されるおそれがあるため、生物学者と合衆国魚類野生動物庁は連邦政府の絶滅危機種保護法の第二カテゴリーの候補種に含めるよう運動している。

プエルトリコのボケロンにある合衆国魚類野生動物庁カリブ地区事務所のスーザン・シランジャーによれば、第二カテゴリーの候補とは、「絶滅の危機がある、あるいは目前にあるとしてリストに挙げるのがあるいは適切かもしれないが、生物学的な弱さと絶滅の危険性についての決定的なデータはリストに挙げる根拠となるほどにはないもの」とのことである。最近の絶滅動物保護法の改定によってツナケーヴゴキブリは「絶滅の危険性のある種」に分類しなおされていることを彼女は記している。この独特の昆虫は、目下のところプエルトリコ野生動物法（第七〇条）で保護されている。多くの熱帯の無脊椎動物の種と同様にツナケーヴゴキブリも、その特性が研究されたり地域の生態系に対する貢献についてまったく理解されないまま、この地球上から消滅するのだ。

4 ゴキブリはどのように人間の生活に影響を与えているか

ゴキブリは何の役に立つのか。この問いには、これらの生き物が何らかの意味で人類に仕えるために創造されたという含みがある。しかし、ゴキブリは私たちに先立つこと三億四〇〇〇万年前に誕生しているとなれば、こんな隷属関係があって、それはもともとそうなっているからだと考えるのは不合理だ。

「何かひとつを、それだけ取りだそうとしても、この世のものがすべてつながっていることがわかる」と、アメリカの偉大な自然保護論者ジョン・ミュアは語っている。これをふまえると、これらの動物はどんな具合にわれわれと「つながっている」のかと問うた方が有益かもしれない。

熱帯の環境では、ゴキブリはいくつかの枢要な役割を果たしている。ゴキブリは六本足の衛生技師として、林床から死んだ草木や動物質を取り除いて再利用し、ミミズやカタツムリなど、数々の無脊椎動物を代表する面々とともに、この任務にあたっている。たとえば、アマゾン川流域の木の生い茂った湿地では、エピランプラ属 *Epilampra* の仲間が、年間に落ちる木の葉の実に五・六パーセントを処理し、一般に痩せているこの地域の土壌に、重要な養分を戻しているとされている。

ゴキブリはまた、爬虫類や両生類、魚類、鳥類、その他の昆虫、猿やコウモリといった小型の、あるいはそれほど小型ではない哺乳類の重要な食糧源でもある。ゴキブリやゴキブリの親類の肉は、鶏肉、あるいはもっとおなじみの肉の三倍近い蛋白質を含む。コオロギの蛋白質含有率を計算したものは、二四パーセント（湿重量）から約六〇パーセント（乾燥重量）の範囲にあり、ゴキブリも同様に高蛋白質動物であると考えて差し支えない。

さらに、森林の上層に生息する生物を調査しているドナルド・ペリーによれば、熱帯のゴキブリはこれ以外の務めも果たしていると考えられる。ペリーが進めているある種のゴキブリ——明るい黄色や黒、茶色をした、樹冠にいるゴキブリ *Paratropes bilunata*——の研究からは、この動物が、低木のオレオパナクス *Oreopanax* など、いくつかの上層形成樹で、活発に受粉を助けていることがうかがえる。また、アリゾナ州南部のワーチューカ山やサンタ・リタ山に生息する頭が白っぽいゴキブリ *Latiblatta lucifrons* は、砂漠に咲く花であるユッカ *Yucca* の類の重要な花粉媒介者になることがある。この種のゴキブリは餌を食べるときに、ユッカの花粉の中を動き回っているのだ。

ゴキブリが自然の生態系の維持に重要な役割を果たしていると認識したアリゾナ州トゥーソンの研究者たちは、一九八〇年代末、バイオスフィア2という密閉した環境に、ゴキブリを何種類か、意図的に持ち込んだ。ハワイ州ホノルルにあるビショップ博物館の昆虫学顧問スコット・ミラー博士によ

ゴキブリは振動に対する感度がきわめて高く、地震予知動物として利用できるかもしれない。一九七七年、全米地質研究所のルース・サイモン博士は、カリフォルニア州にある三カ所の地震活動の活発な地域の近くで、箱の中のワモンゴキブリがどんな行動をとるか監視した。箱に取りつけたセンサーは、小規模地震が起こる直前、ゴキブリの行動がかなり活発になることを記録した。一年におよぶこの研究の結果は、「決定的ではない」が「かなり有望」と言われている。

ると、砂漠に住むゴキブリとマダガスカルゴキブリ *Gromphadorhina portentosa* が、この未来のノアの箱舟に積み込む動物のリストに入っていたという。しかし残念なことに、この二種はいずれも、バイオスフィア2の人工的な環境に適応できなかった。今日、バイオスフィア2の支援スタッフは、オガサワラゴキブリ *Pycnoscelus surinamensis* やコワモンゴキブリ——いずれも温室で普通に見られる害虫で、今回どういうわけか、建設の仕上げの段階でこの人工の森に侵入してしまった——などの、計算外の昆虫の住民と戦っている〔その後実験は終了した〕。

研究室のゴキブリ

一般のイメージは悪いが、ゴキブリは昆虫の習性、解剖学的構造、生理の研究のために最も頻繁に利用されている実験動物である。また、薬理学、免疫学、分子生物学など、より幅広い分野の研究では、標準となる実験動物としても役立っている。

ベルタ・シャラー博士は実験用のマデイラゴキブリ *Rhyparobia maderae* の研究から、神経細胞が血中にホルモンを分泌しているとの結論に達した。この発見は他の発見とともに、新たな学問分野、神経内分泌学を生んだ。これは神経系が体の内分泌系とどうやって連絡を取り、私たちの初期の発育や成長に影響を与えているかを研究する分野である。シャラーはこのおかげで一九三八年度のノーベル賞候補に選ばれた。

ゴキブリの生体や死体は、小中学校や高校、大学でも広く使用されている。こうした人気の昆虫の需要を満たすため、ノースカロライナ州バーリントンにある通信販売会社、カロライナ・バイオロジカルサプライ株式会社では、実に、ワモンゴキブリ一万匹、チャバネゴキブリ五〇〇〇匹、マダガスカルゴキブリ三〇〇〇匹、オオブラベルスゴキブリおよびメンガタブラベルスゴキブリ四〇〇〇匹を、それぞれ日常的に養殖している。

動物の餌としてのゴキブリ

フェアリー・ディキンソン大学の生物学教授で、進取の気性のあるアイヴァン・フーバー博士は、学生たちに家畜の飼料源としてゴキブリが利用できるかどうかを分析するよう勧めている。学生のひとり、フランシス・マークスは、チャバネゴキブリに麻酔をかけ、少量の水を加えて身を挽くと、スープ状の混合物ができることを明らかにした。どろっとしたこの液体を凍結乾燥し、研究室のネズミに与えたところ、八日後、ネズミはこの食べ物から悪影響を受けた様子もなく、体重の増加さえ見られたという。

マークスは次のように述べている。「蛋白質含有量の増加は通常、コストの増加を意味することから、動物に与える食餌中の蛋白質レベルは、成長率と飼料コストによって決まる。ゴキブリは、実にさまざまなものを食べて生きることが可能で、食糧転化効率が高いという機能があり、したがって、動物の餌の元として優れているようである」。

「虫はまともな食べ物でしょうか」〔ユダヤ教の掟にのっとって処理された食べ物のこと〕
「うーん、まあ、イエスともノーとも言えます。聖書を見るとだいたい六種類のイナゴの仲間がコーシャーだと書いてありますが、実際はイナゴマメのことを言っているのではないかという意見もあります」――ニューヨーク自然史博物館の昆虫学者ルイス・ソーキン。パトリシア・ヴォークのインタビューに答えたもの（「アパートメント4Aの昆虫学研究」"An Entomological Study of Apartment 4A"）「ニューヨーク・タイムズ・マガジン」一九九五年三月五日号。

調理用ゴキブリ

では、ゴキブリはどんな味がするのか。「小えびに似ている」と、英国の海洋学者S・メルビル＝デビッドソンは言う。一九一一年に出版された業界向け出版物『船上衛生におけるいくつかの新しい興味深い点』(*Some New and Interesting Points in Ships' Hygiene*)の中で、少々勇気のいるこの珍味について書いたものである。

「ゴキブリの塩漬けはなかなかいけるという話で、ごく普通に見られるあるソースの味がするらしい」。I・A・C・マイオールとアルフレッド・デニーの二人は、一八八六年に出した総覧『ゴキブリの身体的構造と生活史』(*The Structure and Life History of the Cockroach*)の中で、そう述べている。ただ、そのソースが何か、はっきりしていない。もう一人、一九世紀末のある作家は、一種のゴキブリジャムの調理法を書いた本の出版までしている――午前中かけて酢で煮込み、その後天日干しにしたゴキブリを選りすぐって作る、ジューシーな一品と思われる。天日干しにしたゴキブリの頭とはらわたを取り、バター、穀粉、胡椒、塩で煮込み、ペースト状になったところで、バターを塗ったパンにのばして食べるという。

オーストラリアのアボリジニや、タイのホワヒンにいるラオ族など、いくつかの民族は、ゴキブリを採って、生で食べることが知られている。ウィリアム・S・ブリストウは、一九三二年、ロンドン王立昆虫学会に宛てた報告書で、「その地域やコラート高原に住むラオ族はゴキブリを食べるが、他の大部分の地域ではゴキブリは『くさい』といって見向きもされない。しかし、どの地域でもラオ族の子供たちは、フライにするためゴキブリの卵を採っているようだ」とも言っている。

一九四〇年代のフランスの昆虫学者E・ブリゴーは、ある植民地の司令官が、キシ族（フランス領ギアナの森林地域に住む種族）の風習を取り入れて、明らかに楽しんでゴキブリを食べていたのを知っていると言った。ブリゴーはまた、「より文明の進んだ」ベトナム人もゴキブリを食べるが、彼らは炭火であぶってから食べるとも書いている。

ゴキブリの外皮や肉を知らず知らずのうちに食べていた人は多いかもしれない。A・N・コーデルは、雑誌「昆虫学新報」(*Entomogical News*) に、「ゴキブリはどこにでも、食べ物の中にさえいる」と書いている。一九〇三年にカナダのブリティッシュコロンビア州を訪れたときのことである。「今回の旅では、苺の間を這い回るゴキブリ、魚のフライが添えられたゴキブリ・アラカルト、ビスケットに練り込まれた焼きゴキブリの三種類が出された」。

昆虫学者のハワード・E・エヴァンズは、著書『虫の惑星』*(*Life on a Little-Known Planet*) の中で、誤ってつけあわせとして出されたワモンゴキブリとおぼしきものを見つけたときの様子を書いている。

テキサスの小さなカフェでビーフステーキのオニオン添えを頼んだときのことだ。エヴァンズはそんなもので簡単に食欲を失ったりはせず、その茶色の大きな虫を除いて平然と料理を平らげると、空になった皿の中央でその虫に生前のポーズを取らせ、席を立った。エヴァンスは「その皿を手に取ったウェイターの表情は、私が負った健康上の危険を十分に埋め合わせるものだった」と告白している。

医学の中のゴキブリ

古代ギリシアでは、医師がゴキブリの内臓と薔薇の油を混ぜ、この嫌なにおいを放つどろどろとした液体を、病気に感染した患者の耳の穴に流しこむのは、お定まりの作業だった。しかし、ギリシアの医者や自然史家は、誤伝の源泉だったことには注意しておくべきだろう。たとえばプリニウスは、キツツキのくちばしを持っていれば、蜂に刺されることはないと唱えていたし、蜘蛛に咬まれた患者には、生きた蟻を五匹入れた醸造酒を一気に飲み干すようにと忠告していたのだ。

古代中国の薬屋では、内臓疾患や整腸に効用があるとして、ゴキブリを乾燥させたものが処方されていた。今日でも、この乾燥ゴキブリはサンフランシスコの中国人街の中心部で売られている（一オンス二ドル程度）。台北の東洋文化局が一九八四年に出版した『中国の薬種』（*Chinese Materia Medica*）は、広い範囲の状況――発熱による悪寒、舌の腫れ、子供の「腹痛からくる夜泣き」、あるいは「溜まった血液の塊を分解し、子供ができるのを促進する」など――に効能があるとされる、いろいろな種類のゴキブリを挙げている。

ゴキブリを乾燥させ、粉末にしたものは、ヨーロッパやアメリカ中の医師を悩ませた胸膜炎や心膜炎の治療薬、タラカネ散の主成分だった。この治療薬の起源は帝政ロシアかもしれない。ロシアでは、同様の混合物が水腫の治療薬として製造されていたからだ。他にもいくつか、ゴキブリ（特にこの場合はトウヨウゴキブリ *Blatta orientalis*）の薬としての利用のしかたが、一九〇七年版の『メルクマニュアル』（*Merck's Index*）に明記されている。

成分――ゴキブリ酸、アンチヒドロピン、悪臭の脂肪油。用法――水腫、バイト病、百日咳などには内服のこと。疣、潰瘍、できものなどには煎じた油を外用のこと。用量――百日咳には、粉

ゴキブリ殿堂入りのデヴィッド・レタローチ

末もしくは丸薬で、一〇ないし一五グレーン〔〇・六五ないし一グラム〕、または煎じた汁を四液量ドラム〔一四・八ミリリットル〕服用する。

一八八六年のある日の「ニューヨーク・トリビューン」紙には、ルイジアナ州の奇妙な治療法が掲載されている。破傷風にはゴキブリ茶を処方し、煮たゴキブリを傷口に湿布するというものなどである。ルイジアナでは「びっくりするほど」大きなトウヨウゴキブリが採れるため、ほんの数匹もあれば大きな湿布剤ができあがる。また、ゴキブリはニンニクといっしょにフライにされてもいた。消化不良の薬として昔から重宝されていたという。この記事から数十年後には、ニューオリンズの伝説的ジャズシンガー、ルイ・アームストロングが、病気になるといつもゴキブリの煮汁を飲まされたと回想している。ただ、アームストロングのしわがれ声はゴキブリ汁によって改善された結果なのか、それともゴキブリ汁が原因だったのか、そこのところはまだわかっていない。

一九〇三年に翻訳された『マレーの薬による医療の本』(*The Medical Book of Malayan Medicine*)は、「胃の膨張」には「七匹か三匹の」ゴキブリを焼き、その灰を水に混ぜて飲むことを薦めている。この本は、「病人にはこれを三日間つづけて飲ませること。この薬の成分が何であるかは知らせず、病人を安心させること」と忠告している。

ゴキブリの中で普通に見られる害虫種であるトウヨウゴキブリ *Blatta orientalis* は、一七世紀の英国では「くさい虫」と呼ばれていたが、それはただの偶然ではなかった。事実、ゴキブリの多くは、特に大量に集まったとき、胸のむかつくような独特のにおいを放つ。人家に住み着いたゴキブリの非愛好家であるグレン・W・ヘリックは、『家庭を害し、人を煩わせる昆虫』（*Insects Injurious to the Household and Annoying to Man*）の中で、「このにおいはよく『ゴキブリくさい』においと呼ばれる」と説明している。「ゴキブリがたくさんいる棚にしばらく置いてあった皿には、このにおいがひどくしみつき、その後に作った料理、その皿に盛られた料理は、往々にしてまずくなってしまう」。

なかなか消えないこのにおいは、ゴキブリの糞や唾液、脂ぎった外皮のにおいが混ざり合ったものだ。これらはみな、芳香性の強い性フェロモンを含んでいることもある。「ゴキブリの澱（おり）」とか「気ふさぎ水（オドカファール）」とか呼ばれるこのにおいは、時としてアーモンドのにおいと表現される――実にそのとおりなので、ジュリー・クロッソン・ケンリーの『小さな生き物たち』（*Little Lives*）によると、「トウヨウゴキブリが台所の常連という場所で育った人は、のちのち、ケーキ屋やグリーン・フロスティングのメーカーには欠かせない、いわゆる「ピスタチオ」の風味を楽しむことができない」という。

一八三〇年に出版された『昆虫の自然史』（*Natural History of Insects*）の名も知れぬ作者は、「ゴキブリくさい」においはまったく好ましいものではなく、特に「インクや油を非常に好み、往々にしてそこに落ちたり、溺死してしまう」ゴキブリのにおいがくさいと書いている。こんな風に死んでしまうと、ゴキブリは「きわめて不快な悪臭を放つようになるため、ゴキブリが溺死したインクで物を書くくらいなら、大きな動物の死骸の上に座っている方がましである」。

ゴキブリと病気

ゴキブリが病気を媒介する役割のことを書くのに、かなりの量のインクが費やされてきた。このテーマについては、二つの重要な報告がある。ルイス・M・ロスとエドウィン・R・ウィリスの共著でスミソニアン教会が出した『医学ならびに獣医学におけるゴキブリの重要性』*The Medical and Veterinary Importance of Cockroaches*（一九五七年）と、世界保健機構（WHO）出版局から出て一九七五年に改訂版が出版された、ドナルド・コクランの『ゴキブリ——その生態と対策』（*Cockroaches—Biology and Control*）である。この二つの論文は、ゴキブリによって知らず知らずのうちに運ばれ、人間などの脊椎動物に伝染する可能性のある約四〇種の病原体を挙げている。その中には、癩（らい）病、腺ペスト、肺炎、食中毒、サルモネラ、腸チフスといった大物も名を連ねている。

実験室での研究も、ゴキブリがさまざまなウイルスを獲得、維持、排出し、ポリオや感染性肝炎といった命にかかわる病気を伝達している容疑がかなり濃いことを明らかにしている。また、中央アフリカ（エイズの発祥の地の可能性がある）のワモンゴキブリの遺伝物質からは、後天性免疫不全症候群（AIDS）の原因ウイルスであるヒト免疫不全ウイルス（HIV）の構成要素に類似したプロウイルスDNAも分離されている。

コクランの論文は、人間に対して病原性のある微生物の「機械的媒介」と見なされる一六種のゴキブリを挙げている。大方の予想どおり、これらはみな、人家に住み着いた、もしくは人家の周辺に住むゴキブリ――どこにでもいるチャバネゴキブリやワモンゴキブリ、トウヨウゴキブリ、チャオビゴキブリなどである。このリストに、一七番目の種、クロゴキブリが加わる。それが「屋外の便所にも、家の中にも」いることを考えれば、「これも病原菌の伝播ゴキブリであると疑うのも当然だろう」。

ゴキブリが病気を伝達する方法はかなり単純なものだ。病原体はゴキブリの外皮に付着し、ゴキブリが歩いたところや直接触れたものすべてにまき散らされる。下水道の中である期間を過ごすゴキブリは、十中八九、この伝達形式に人知れず関与している。体内微生物は、意図的にしろ、偶然にしろ、こうした病気の運び屋を食べるあらゆる生き物の体内にやすやすと入ってゆく。かなりの数の研究が行なわれた結果、ゴキブリを食べる動物が、ある種の線虫などの体内寄生虫を共通にもっていることから、ゴキブリがそこで演じている役割については、まず納得できる情報が得られている。

ゴキブリはお互いどうしで感染させることはあるだろうか。もちろんある――少なくとも、ノース

「一九四八年の、ロサンゼルス郡における［ポリオの］大流行は、サシバエに刺されることによる直接的な伝染というよりも、昆虫による伝染を示す数多くの特徴を示している。いくつかの事例では、次のようなことがわかっている。(1) イエバエにウイルスが入り、それを糞といっしょに排泄した。(2) 人間の排泄物からウイルスが見つかった。(3) ウイルスを食べているハエに汚染されたバナナを猿が食べて、感染の形跡が見られた。(4) クロキンバエ *Phormia regina* がウイルスを二週間から三週間、体内にもっていた。(5) ウイルスがゴキブリの体内に一二日間とどまることができた」――ウィリアム・ドワイト・ピアース『死のトライアングル――医療昆虫学および衛生昆虫学小史』*The Deadly Triangle : A Brief History of Medical and Sanitary Entomology*（一九七四年）

カロライナ大学のある研究室ではあった。この実験室では、ある一連の実験を入念に行なった。まず、サルモネラ菌をもった一匹のゴキブリを、食べ物、水、他のゴキブリ一〇匹といっしょに飼育槽に入れた。二四時間後、この保菌ゴキブリを取り出し、残りの一〇匹を分析して、病気にかかっているかを調べた。その後、この要注意ゴキブリをさらに別の一〇匹のゴキブリとともに新しい飼育槽に入れ、ふたたび同様の二四時間試験を施した。この手順をさらにあと二回繰り返し、結果を表で示した。最初の飼育槽では、一匹を除くすべてのゴキブリがサルモネラ菌に陽性を示した。ところが、これ以降の飼育槽では、感染したゴキブリの数は減少していた。最後の飼育槽の一〇匹のうち、感染していたのは五匹だけだった。つまり、病気を運ぶ個体の伝染性は、時間の経過とともに減少するらしい。

「ゴキブリの行動でもっともおぞましく、かつ危険もはらむ特徴は、消化された食べ物の一部をもどし、糞をところかまわず、時には餌を食べている間にも垂れ流す習性かもしれない」とコクランは述べ、ゴキブリが病気を広めるための、さほど目立たないが、むしろ直接的な方法を強調している。コクランの報告が発表されるとともに、食品を保存するラップや気密性に優れたプラスチック製容器の売り上げが爆発的に伸びたのも当然だろう。

ゴキブリは病気を運ぶことができ、しかもこういった病気がいろいろな方法で伝達されうると広く認識されてはいるが、コクランによると、検察側にはまだ立証責任があるという。今のところ、ゴキブリが病原体のキャリアになれることを示す有力な証拠も、だいたいは状況証拠である。一九六三年、カリフォルニア州南部の団地数か所のうち一二四軒の住宅で、徹底的なゴキブリ駆除を実施した結果、研究者たちは感染性肝炎の発病率が著しく低下したと発表した。害虫駆除を受けていない近くの団地では、肝炎発病率に変化は見られなかった。

信頼できる弁護士なら、決定的証拠がないまま、ゴキブリに対する民事訴訟の提訴を検討することはないだろう。とはいえ、もしこの本を朝食のテーブルで読んでいて、しかもこういった虫が一匹、目の前のシリアルの上を這って横切るのを目撃してしまったら……。

ゴキブリと法

ゴキブリが法廷で過ごしたことなどないとは言えない。一九七〇年、ジョージア上訴裁判所は、スタッキーズ・キャリッジ・インに泊まったある宿泊客の証言に対する再審理を行なった。客は、腿を這い上がってきたゴキブリを振り払おうとしているうちに、ベッドカバーに足を取られ、身体のバランスを崩して、椅子の上に倒れてしまったというのだ。裁判官は、たとえベッドカバーがきちんと広げられていなかったとしても、宿泊客もその不備を知りながら過ごしていたのであり、よって損害賠償を受ける理由はないというホテルオーナーの主張を退けた。むしろ逆に、「腿につめを立てながら

「ずらりと並んだ料理のうえ／ブーンと虫が落ちてきた／ゴキブリはカサコソ／イモムシはうにゃうにゃ／色も違えば形も違う／ぞろぞろ歩き／シチューを味見／世にもおぞましい虫たちは／料理をみんな汚してまわる／客の笑いは消え失せて／残るはひきつった笑顔だけ」——アンドリュー・ネルソン・コーデル『ブリティッシュ・コロンビア産の直翅目に関する覚書』*Notes on some Orthoptera from British Columbia*（一九〇四年）

這い上がってくるゴキブリを肌で感じたという彼女の体験は」、損害賠償の受け取りを「十二分に正当化できるものだった」との判決が下った。

また、家主にはゴキブリが蔓延した部屋を貸した責任があるとした判例も多い。レオ対サンタガダ裁判では、借り主側が、四五分間に一二匹のゴキブリを目撃しており、これは借りたばかりの地下のアパートを放棄する理由として十分であると主張した。裁判官は、「借り主およびその家族には、同じ状況にある普通の主婦なら用いるだろう手段を用いて自らこの状況を脱しようとした形跡がなく、またこの状況を改善する機会を提供すべく家主に報告することもなかったため」、この主張を退けた。ただし、借り主がなにがしかの行動に移っており、仮に「不潔な敵」による攻撃がきわめて深刻なもので、かつその発生源が家主の管轄区内であれば、住宅やアパートとは住むことのできる場所であるという暗黙の前提は、崩れることになる。

ふつう借り主は、ベーレンバウムが『昆虫大全――人と虫との奇妙な関係』(*Bugs in the System: Insects and Their Impacts on Human Affairs*)の中で引用しているポメロイ対タイラー裁判(一八八七年)を考慮するよう忠告を受ける。この判例では、チャバネゴキブリやアカアリ、トコジラミだけでなく、ゴキブリ全般も、ニューヨークでアパートを借りる人を脅かすものではないとしている。

アレルギーと喘息

アレルギー、ひいては喘息を促す役割に関しては、ゴキブリには訴因について有罪である。アメリカ国立衛生研究所によると、一〇〇〇万人から一五〇〇万人ものアメリカ市民が、ゴキブリに関連するアレルギーに苦しんでいると考えられるという。つまり、ゴキブリは埃に次ぐ第二の犯人ということになる。加えて、まずゴキブリに対してアレルギー反応を示した場合、その後、殻をもつその他の無脊椎動物に対してもアレルギー反応を示すことがあるとするだけの根拠もある。こういった複雑なアレルギー反応を示す人は、ロブスターやカニ、エビといったごちそうを食べられなくなる。

アレルギー反応は、われわれの免疫系が環境において感知した危険物に対し、不適当な反応を示すときに起こる。ゴキブリアレルギーの場合、こうした危険物は微細な蛋白質片、すなわち、人家に住み着いたゴキブリの排泄物、脱皮後の抜け殻、部分的に消化された食べ物、フェロモンなどだ。こういった蛋白質性の産物の中には、きわめて長命なものもあり、そういうものは、煮沸消毒や強力な化学薬品や紫外線に耐え、何十年にもわたってアレルギーを誘発する力を保つことができる。

この感覚器官への襲撃に対し、免疫系はヒスタミンの放出をはじめる。これらの複雑な炭素化合物は、静脈や動脈に作用し、次いで、身体のさまざまな部分への血液供給に種々の影響を与える。ゴキ

「夫は私を攻撃するためにゴキブリを調教していた」。モード・ケリーは、一九九五年九月二四付の大衆紙「サン」で、記者のルイス・マーチンにそう話している。しかし、家庭内離婚中の夫ビル（昆虫学者）はこれに反論する。「サン」は、モードの弁護士が雇った専門家が彼女の服からゴキブリのフェロモンを検出したと報じた。これは夫ビルが昆虫を利用して、ピッツバーグ郊外の自宅から自分を追い出そうとしていたという依頼人の主張を支持するものだった。モードの離婚審問の結果について——さらに、ビルが本当に、調教した闘うゴキブリを妻の寝室などに放したかどうかについても——「サン」はその後、一切報じていない。

ブリアレルギー抗原に対する軽い反応と言えば、鼻水ということになるだろう。あるいは、肌に発疹ができることもある。また、呼吸困難といった喘息の症状が見られることも珍しくなく、猛烈なアレルギー反応が起き、ショックで死に至ることも、まれにはある。

ゴキブリアレルギー患者は、ゴキブリ駆除の進んでいない低所得者向け住宅や都市中心部のスラム化したアパートの方に多く見られる。こういった住居に住む人間と昆虫は、接近して暮らしている場合が多い――アレルギー体質の人々にとっては、赤信号がともった状態を意味する。また、北部の諸州の方が、ゴキブリアレルギーの問題は大きいかもしれない。長く、厳しい冬がゴキブリと人間を締め切った狭い空間に閉じこめてしまうからだ。しかし、南西部や中南部に住む人々の方が、アレルギー――ゴキブリだけでなく、自然界のほぼすべての芳香性の物質に対するアレルギー――にかかりやすいようだ。こういった地方は、アレルギー反応の引き金となる動植物が、一年を通じて過ごしやすい高温多湿の環境なのだ。

這い回るゴキブリ

ゴキブリのいったい何が、多くの人々をぞっとさせてしまうのか。この問いに対するひとつの答えは、潜在意識の闇の奥底にある。一部の科学者はこの嫌悪を本能的なもの――人を刺す昆虫や人を咬む蜘蛛、毒蛇などへの私たちの本能的な不信感の副産物――であるという理論を出している。つまり、人はこういった危険性をはらんだ動物に似たゴキブリなどの虫に、もともと拒否反応を示す仕組みに

手彫りの彫刻が見事な台所用マグネット（スティーブ・クッチャー氏のコレクションより）

なっているというのだ。

これに関連したある学説が示唆するところでは、われわれは醜く、薄っぺらく、動作が速く、そして（あるいは）いつ現れるか見当のつかない動物に対しては、さらに簡単に恐怖を感じてしまうという。この仮説を分析するため、英国のある心理学の研究に携わった人々は、五種類の無脊椎動物――蛾、バッタ、蜘蛛、蝶、甲虫――のこうした特性に等級をつけるよう依頼を受けている。結果は、大方の予想通り、蜘蛛が満場一致で第一位に選ばれた。しかし、甲虫も醜さ、薄さ、動作の速さで驚くほどの高い得点を獲得し、第二位につけた。オオブラベルスゴキブリがこの選手団に加わっていれば、蜘蛛や甲虫と大接戦を演じていたと考えて差し支えない。

同時に気づかないうちに要因となっているのは、親や周囲の人々の口から何度も発せられる

「大袋（一〇〇ポンド入り）からタマネギとジャガイモを陳列棚に移しかえているとき、それぞれの袋に入ったタマネギとジャガイモの数を上回る数のゴキブリが這い出てきたことがある」――D・M・デロング、『スーパーマーケットの問題』*The Supermarket's Problem*（一九四八年）

警告だ。これは這い回る虫への潜在的な嫌悪の情をどんどん強める。データによると、こうした憎悪の増強は、とくに女性の間に多く見られる。父親から息子以上に、母親は娘に昆虫の恐怖を伝えやすいのだ。

「四歳くらいまでの子供はゴキブリに対して何ら嫌悪感を示さないが、すぐに両親から、ゴキブリは不潔なもので、さわったり口に入れたりしてはいけないと教えられる」とフィリップ・ケーラー、リチャード・パターソンの二人は書いている。アメリカ農務省研究員の彼らは、一九九二年に発表した論文の中で、ゴム製のゴキブリのおもちゃを子供のコップに入れるという、ある行動実験を引用している。四歳以下の子供はこうしたコップから何も考えずに飲み物を飲むが、四歳より上の子供たちはコップに口を近づけることを嫌がったという。「こうした実験により、ゴキブリ嫌いが学習によって得られるもので、遺伝によるものではないことは、考えるまでもなく明らかである」というのが、ケーラーとパターソンの結論である。

汚いという妄想

昆虫に対し、しつこく、不合理な、つまり理性を欠いた恐怖を感じる状態は、昆虫恐怖症と呼ばれる。もっと広く知られているアラクノフォビア、すなわち蜘蛛恐怖症と似通った精神状態だ。ひどい場合、この恐怖症は妄想性寄生虫症として、つまり生物、主に昆虫が肌に寄生していると信じ込んでしまう症状として現れる。また別の、これと密接な関係のある病気（妄想性ケルプト寄生生物症 *celpto-parasitosis* と呼ばれる）を病んでしまうと、頭の中に昆虫が家や職場に蔓延している図ができあがってしまい、これらの場所にはいられなくなってしまう。

アルバート・H・シュラットとウィリアム・G・ウォルドランの二人は、一九六三年に発表した論文の中で、これら二つの病気に関してよく報告されている症状をいくつか明らかにしている。

頭の中の「虫」は普通、はじめは黒または白と記されるが、のちにその色は変わる場合がある。「虫」は練り歯磨きや軟膏、化粧品といった普通に家庭内にあるものから現れる場合がある。家では、想像上の蔓延がきわめてひどい状態に陥り、患者は別の場所に文字通り移り住まねばならなくなる場合がある。

想像上の蔓延は二、三か月続くこともある。これは本物の昆虫の大半、シラミ、蜘蛛などの蔓延が通常持続する期間をはるかに上回る。

虫が蔓延しているという患者の言葉はしばしばうむを言わせないものになり、他の正常な家族も引越しを支持せざるをえなくなる。

シュラットとウォルドランが調査した事例のほとんどすべてで、妄想上の昆虫による攻撃に先だって、どうやら本物の無脊椎動物が蔓延していた（そしておそらく、それが引き金になっている）らしい。二人はある家族の例について書いている。その一家は何度も公衆衛生局と連絡をとり、家の中にゴキブリやトコジラミやシラミが蔓延していると訴えていた。しかし、家の中で確認された害虫としては、ワモンゴキブリが少々いるだけだった。夫妻はまた、壁を塗り替えたばかりの部屋から出る「毒性物質」によって家族がそれぞれ病気にかかっているとも主張した。

「その家族四人はみな口々に、しょっちゅう虫を目にしていると言い、『有毒ペンキ』や虫に咬まれたせいで、体力が落ち、頭痛もすると訴えた。調査したところ、母親と父親との間に激しい感情的な軋轢があり、それがどうやら母親の精神の異常作用の発現を促進していることがわかった」と、シュラット、ウォルドランの二人は書いている。別居や離婚の危機に瀕した母親は、責任を寄生虫と有毒ペンキに負わせたのだ。この事例では、母親はこの家を一時的に出て、子供たちを連れて夫と別居し、「こうして彼女の意識下にある本当の犯人から彼女自身を切り離す」ことが必要だった。

お家ではまねしないでください

一九八八年八月二五日、ロイター通信テルアビブ支局は、ゴキブリにまつわるショッキングなニュースを入手し、各国の新聞社に打電した。「イスラエルのとある主婦としつこいゴキブリとの一戦で、彼女の夫はひどい火傷を負い、骨盤と肋骨も骨折して、病院にかつぎ込まれた」。記憶されるべきこのニュースは、話の出どころとして「エルサレム・ポスト」紙の記事を引用し、こう始まっている。

戦いは始まった。妻がリビングで一匹のゴキブリをつかまえ、叩きつぶした。そして、それを便器に捨て、殺虫エアゾールを一缶丸ごと噴射し、この戦いに勝利を収めた。つづいて第二の戦闘が勃発した。彼女の夫が仕事から帰り、トイレに入って火のついたままの吸い殻を便器に投げ捨てたところ、殺虫剤のガスに引火して、「局部に重度の火傷を負った」。「救急隊員はこの顚末に大笑いした拍子にバランスを崩し、ストレッチャーを階段のところで落としてしまった。結局この男性はさらに怪我を負って、ようやく病院に収容された」と記事は締めくくっている。

この記事が世間をにぎわせてから六日後、「エルサレム・ポスト」は紙上で、「良くできた話がこれまた面白おかしく伝えられたので、決してあるはずのないニュース価値があるかのような錯覚にとらわれてしまった」と釈明し、記事の撤回を発表した。しかし同紙の撤回も、この話の都市伝説の傑作というステータスを殺してしまうことにはならなかった。

「イスラエルのとある主婦としつこいゴキブリとの一戦で、彼女の夫はひどい火傷を負い、骨盤と肋骨も骨折して、病院にかつぎ込まれた」――「エルサレム・ポスト」

ゴキブリは一部の人たちをパニックに陥れるが、楽しんでいる人も多い。何人かの映画人は、こうした動物に嫌悪の情と魅力を感じる私たちの感情に目をつけ、低予算のホラー映画で主役としてゴキブリを使っている。ジョージ・ロメロ監督の『クリープショー』(*Creepshow*)は、この手の映画の傑作と言われているが、それはこの映画のラストシーンによるところが大きい(六二頁参照)。ただ笑いたいというのであれば、ヤノット・シュワルツ監督の一九七五年の低予算恐怖ムービー、『燃える昆虫軍団』(*The Bug*)も見て損はない。さらに上をいく、とんでもないB級映画が、テレンス・H・ウィンクルス監督の『ザ・ネスト』(*The Nest*)だ。この映画では、遺伝子操作によって生まれた人食いゴキブリ集団と新鮮でうまそうな人間たちとの戦いが繰り広げられる(一九八七年に公開されたこの映画のポスター〔一一三頁〕は「ゴキブリは肉の味を知らなかった。でも今は……」と謳っている)。

ゴキブリは数々の一流作品の中にも名脇役として顔を出している。『ビクター/ビクトリア』(*Victor Victoria*)では、ゴキブリのおかげでジュリー・アンドリュースがただで食事をするし、『パピヨン』(*Papillon*)では、何度かスティーブ・マックイーンの飢えを癒やしている。また、『ミスター・グッドバーを探して』(*Looking for Mr. Goodbar*)では、ダイアン・キートンとチューズデイ・ウェルドの言い争いを中断させ、『インディ・ジョーンズ　魔宮の伝説』(*Indiana Jones and the Temple of Doom*)では、ハリソン・フォードを苦しめている。

これを書いている今、ゴキブリに乗取られたアパートを舞台にした、MTVで人気の三分間のビデオクリップを元にした長編映画、『ジョーのアパート』（*Joe's Apartment*）の撮影がすでに始まっている。一匹のゴキブリが便器の中で往年の水着女優エスター・ウィリアムズのような水中バレエを披露するシーンや、一匹のゴキブリが猫の背中に、勇敢なロデオのように乗って、ちょっと散歩に出かけるシーンなど、すでに撮影が終了しているシーンを見たが、この映画がゴキブリの魅力を見事なまでに引き出した、映画史上類を見ない作品になるのはまず間違いない。この長編映画の撮影中、プロデューサーのダイアナ・フィリップスは、出演者のひとりの代役をつとめ、胸に数百匹のゴキブリを這わせている。

ゴキブリは肉の味を知らなかった。
でも今は……。
ザ・ネスト
彼女はおいしそう

ゴキブリグッズ

「ポップカルチャー・グッズ販売業」を自称するアーチー・マクフィー社は、ゴキブリ・アクセサリー市場をほぼ独占している。ワシントン州シアトルで、キッチュなファンシーグッズの大量販売を手がける同社は、一九八〇年以来、ゴム製のゴキブリのおもちゃを二〇〇万個以上売っている。この数字には、体長一〇センチあまりの「デラックス・ジャンボ・ローチ」も含まれる。しかし、最新商品——超吸湿性プラスチックの幼虫が入った、水に溶けるゴキブリの「卵」——は含まれていない。

ビッグサイズのゴキブリのおもちゃは、フロリダやテキサスでかなり人気がある。こうした地方の自慢はこれと同じ大きさの本物がいることなのだ。普通の大きさ、つまり四センチ前後の茶色のゴム製ゴキブリや、ライバル会社の暗闇で光るおもちゃは、ニューヨーカーに受けがいい。彼らは新築祝いにこんなおもちゃを贈る。

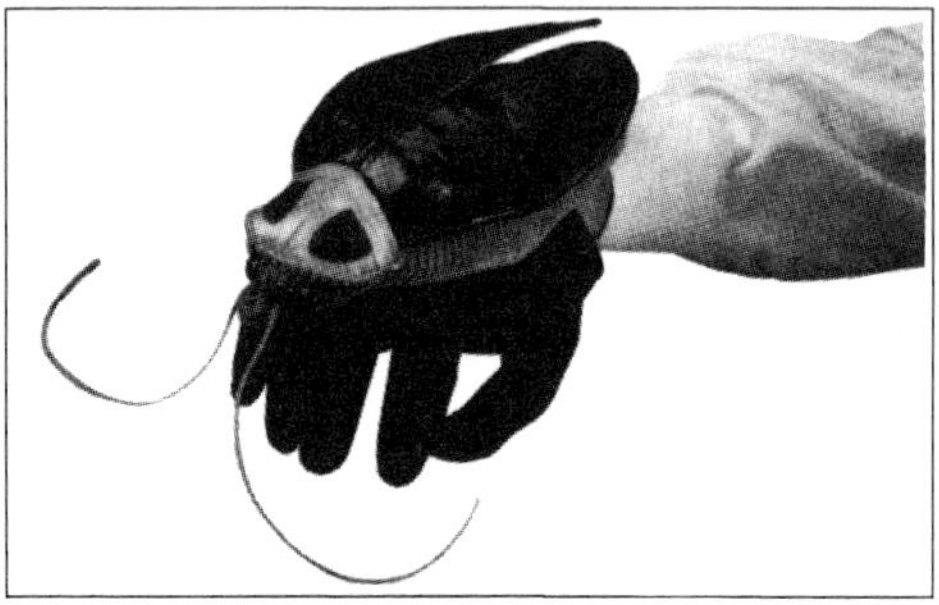

これもまたニューヨーカーに人気なのが、カリフォルニア州エメリーヴィルのフォークマニス株式会社が発売している、ワモンゴキブリの指人形だ。こうした見事なつくりの柔らかい模型は、黄褐色のコーデュロイの体に合成皮革のノーガハイドでできた艶のある翅、長さ一五センチの革製の触角二本、脚となる六本指のグローブがついている。ナイロン製の前胸背板にある二つの茶色の斑紋は、こ

の指人形がクロゴキブリ属 *Periplaneta* の仲間であることをしっかりと表している。

衝撃度という点なら、ミネアポリスのフォーム・ドームズ社製の人間サイズのゴキブリ・コスチュームにかなうものはない〔一一七頁〕。この創作品は教育関係者やゴキブリを説明する博物学者をターゲットにしている。そのためパターン（一五ドルから二五ドルで販売されている）は動物界の善玉、悪玉、醜いものを取り上げている。完成品のコスチュームの値段は二五〇ドルだ。現在発売されているものには、ゴキブリの他に、蝶のオオカバマダラ、コウモリ、解剖学的に正確を期したテントウムシなどがある。きわめて重度の昆虫恐怖症を克服するにはうってつけの衣裳だ。

アーチー・マクフィー社のゴム製のゴキブリのおもちゃ。ヒット商品。

直翅目を称える歌

ゴキブリに国歌のようなものがあるとすれば、それは『ラ・クカラチャ』ということになるだろう。この陽気な歌は今世紀、チャーリー・パーカーや一〇一ストリングス、ルイ・「サッチモ」・アームストロング、フェラント、タイチャーといった有名ミュージシャンによって、三〇を超すバージョンがレコード化されている。シカゴ・

ゴキブリ、ゴキブリ
歩きたくないだろう
あいつは持ってない
マリファナタバコ

ブルースの大御所、ビッグ・ウォルター・ホートンはこの歌をしぶいハーモニカ・ソロに編曲しているし、ビル・ヘイリー&ヒズ・コメッツは見事にロカビリーのリズムに乗せている。

　この歌は一九一〇年頃、つまりメキシコ革命が始まった頃、軍事行動に出ていたフランシスコ・「パンチョ」・ビリャの熱烈な支持者たちが作ったものだ。このタイトルはただゴキブリだけを指しているわけではない。「クカラチャ」という語には、もう一つ、スラングとしての意味——「ひからびた小役人」——もあり、この意味でビリャの一番の強敵ベネスティアノ・カランサ将軍のあだ名でもあったのだ。

　ビリャ軍の兵士や支持者たちは、この歌の替え歌を、言わば追われながら、数え切れないほど作った。中でもいちばん有名な歌は、いちばん不可解な歌でもある。スペイン語の原詩を翻訳すると次のようになる。

中には、およそ一〇年つづいたメキシコ革命の実録となっているものもある。

カランサ軍向かっている
ラレードに向かう
彼らはもう保守派じゃない
おびえてるから

また、おかしみを込めて人生を見つめた内容の詩もある。

男が少女を愛していても

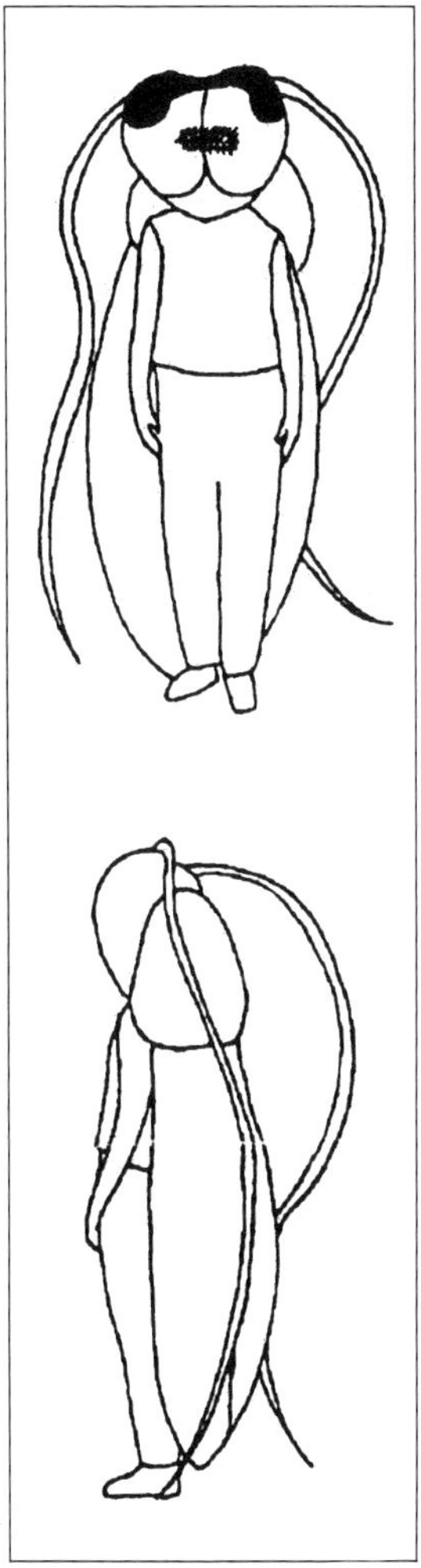

フォーム・ドームズ社のローラ・エマーズによるゴキブリ・コスチュームのデザイン。

少女が男を愛してないと
禿頭の男が街道筋で
櫛を見つけたときのようなもの

二つの視点をうまく組み合わせたものもある。

笑ってしまうのは
シャツなしのパンチョ
カランサは行ってしまう
ビリャが来るから

ルイ・アームストロングは自分で詩を書き、一九三五年にスキャットで歌っている。

ラ・クカラチャ、ラ・クカラチャ
歌っておくれ
ラ・クカラチャ、ラ・クカラチャ
古いギターで

今の子供たちは学校で違うバージョンを習う。

クカラチャ・ダンスが
始まる音楽
広場まで急ぐんだ
遅れないように

もともとの詩は、ゴキブリは壺が好きという内容を歌ったものだが、これは消えてなくなった。代わりに、なんと生徒たちは、ゴキブリは小さな後脚（ラス・ドス・パティタス・デ・アトウラス）がないので歩けない、などと習っているのだ。

第二部

性、食事、死

5　すべてはこうして始まる……

ゴキブリは精子と卵子が結合した時に始まる。しかし、これら二組の染色体が出会う前に多くのことが行なわれる。

ゴキブリの求愛は、一般的には生殖期に達した雌の方から行なわれる。雌は下腹部を曲げ、前後翅とも上げて、「コーリング（求愛）姿勢」と呼ばれるポーズをとる。この体勢で、背面の特別な膜から、昆虫のフランス製の香水とも言うべき、強力な化学的誘引物質を分泌する。この雄を引きつける（まさしく字義どおりの意味で）体勢は、左にあるイラスト（これは雌のクセストブラッタ *Xestoblatta* の典型的な求愛姿勢を表している）の通りである。

この「媚薬」は、ホルモンのような物質であると考えられており、フェロモンと呼ばれる——炭素・水素・窒素が絡みあった鎖である。少なくともチャオビゴキブリという種においては、一匹の雌が生成するフェロモンの量は一グラムの一〇億分の一以下で、揮発性がきわめて高い物質である。フェロモンは風にのって運ばれ、少なくとも半径一〇メートルの範囲にわたって拡散し、雄たちにかすかな性の招待状を届ける。

この化学的メッセージを、雄の嗅覚器官である触角のセンサーがキャッチして、この触角の持ち主が発信元の雌を探すよう促す。熱帯地方に生息する雄ゴキブリは、日暮れ時になると低木や灌木のなるべく高い枝に——将来のパートナーの匂いを嗅ぎ取って、その香りを吟味するのに少しでも良い位置に移動して——とまる。

前戯のフェンシング

生殖可能な成虫の雄と雌が出会うと、ほんの一時、触角でフェンシングをする。この儀式は二匹が向かい合い、触角を鞭のようにしてお互いを軽く、すばやく打ち合って行なわれる。この「匂いを嗅ぎ取る鞭」にある多くの受容器がピリピリ反応し、触覚の刺激と化学的刺激が二匹のゴキブリに一気に伝わる。

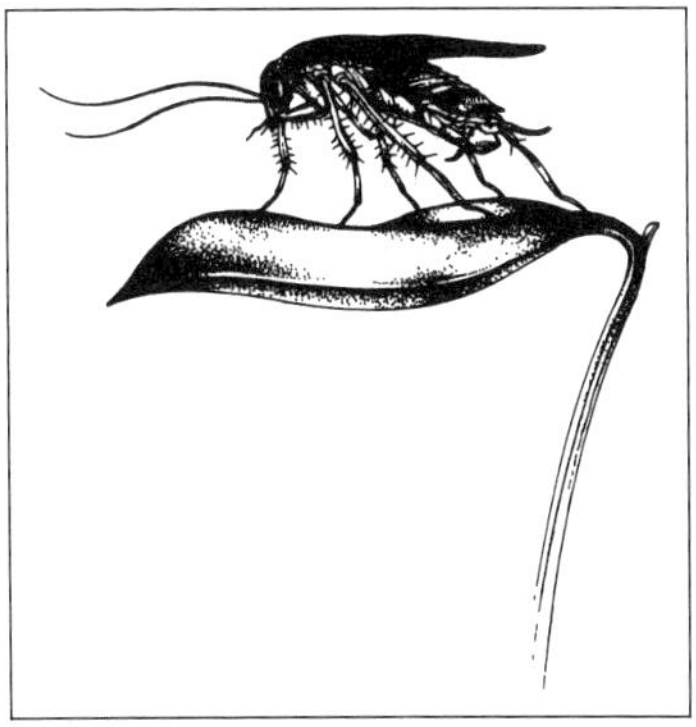

こうして電気を充電するような前戯が一、二分続いた後、雄が先に行動を起こす。まずは雌に背中を向ける。腹部の先端を下に曲げ、頭と胸部が低くなるように脚を曲げ、両翅を約六〇度に上げる。こうすることによって、刺激体（エクサイテーター）という、ぴったりの名前のついた、背中のほくろのようなものをよく見えるようにする。このほくろ——腹部第七背板にある小さくて丸い突出部——から、雌とは別の性フェロモンが分泌される。

雄の性臭にもやはり誘惑物（セデューシン）というふさわしい名前がある。これは、たちまち効果を現し、雌が引き寄せられて雄の刺激体に頭を押しつけ始める。

ゴキブリのカーマスートラ

雌を背中に乗せたまま（種によっては雌が雄の胴中あたりを脚で摑む）、雄は後ずさりする。腹部を上に反らせて交尾器を伸ばし、雌の交尾器を捕えようとする。

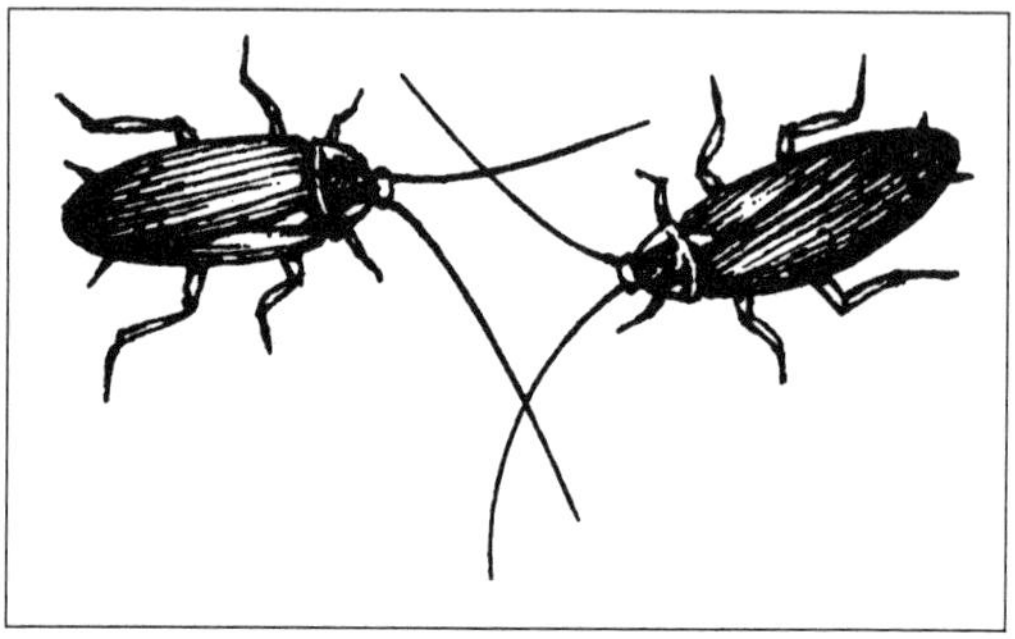

交尾器が接するその時点で、雌は雄の真上にいて、雄の頭を目の前にする格好になる。しかし、接続が完了するとすぐに雌は雄の背中から横に降りて、一八〇度方向転換をする。これで反対の方向を向きあうことになり、二匹はこのまま一時間かそれ以上——精子の入った小包の受け渡しが終わるまで——つながっていることになる。この楕円形の白い小包は精包と呼ばれる。中には、雌が最初の一回分の卵子を受精させるのに必要な分の精子が入っている。何回も連続して同じ精包から精子を受け取ることができる種もいるが、大抵は、そのつど新しい精包を受け取らなくてはならない。

精包は、窒素分を補う尿酸塩と呼ばれる物質で満たされている。交尾が終わって数時間後、小包から精子がすべて排出されると、種によっては、雌が自分の体から精包を押し出して、尿酸塩の入った残物をむさぼり食う。これで雌は元気になり、受精卵となった卵を月が満ちるまで育てることができる。

もちろん、四〇〇〇種にものぼるゴキブリのすべてが、求愛から交尾までの一連の行動をこの通りに行なっているわけではない。たとえば雄のワモンゴキブリは、形式的な手順を省いて、生殖期に達した雌に突進する。雄は雌の交尾器を捕えようとして交尾器を押しつける。ブラベルス属 *Blaberus* の雄は、頭部をぶつけて気に入った雌を興奮させる。他には、雌のために猛烈な歌やダンスを披露するゴキブリもいる。

ラブソング

そう、ゴキブリは鳴く(シング)ことができる。一般には、マリオ・ランツァやビートルズというよりは、ジプシーのバイオリンのようだと言われている。昆虫の場合、鳴くとは、いわゆる摩擦で音を出すことである。つまり、音のコミュニケーションだけを目的として、体の二つの部分、普通は脚と翅を擦りあわせる行動である。

牧歌的な歌声で夜の大気を満たす摩擦奏者として最もよく知られているのは、おそらくコオロギや

「ローチのように健康」(sound as a roach) という表現は、コックローチとはまったく関係がない。言語学者はこのおかしな慣用句の由来が、囚人や入院患者の守護聖人である聖ロクス〔St. Roch〕にあることをつきとめた。この聖人の像が、一四一四年に大流行した伝染病を鎮めたと言われてから、人々は、まさしく奇跡を起こした人として、自らの健康を願い、聖ロクスに祈りを捧げるようになった。

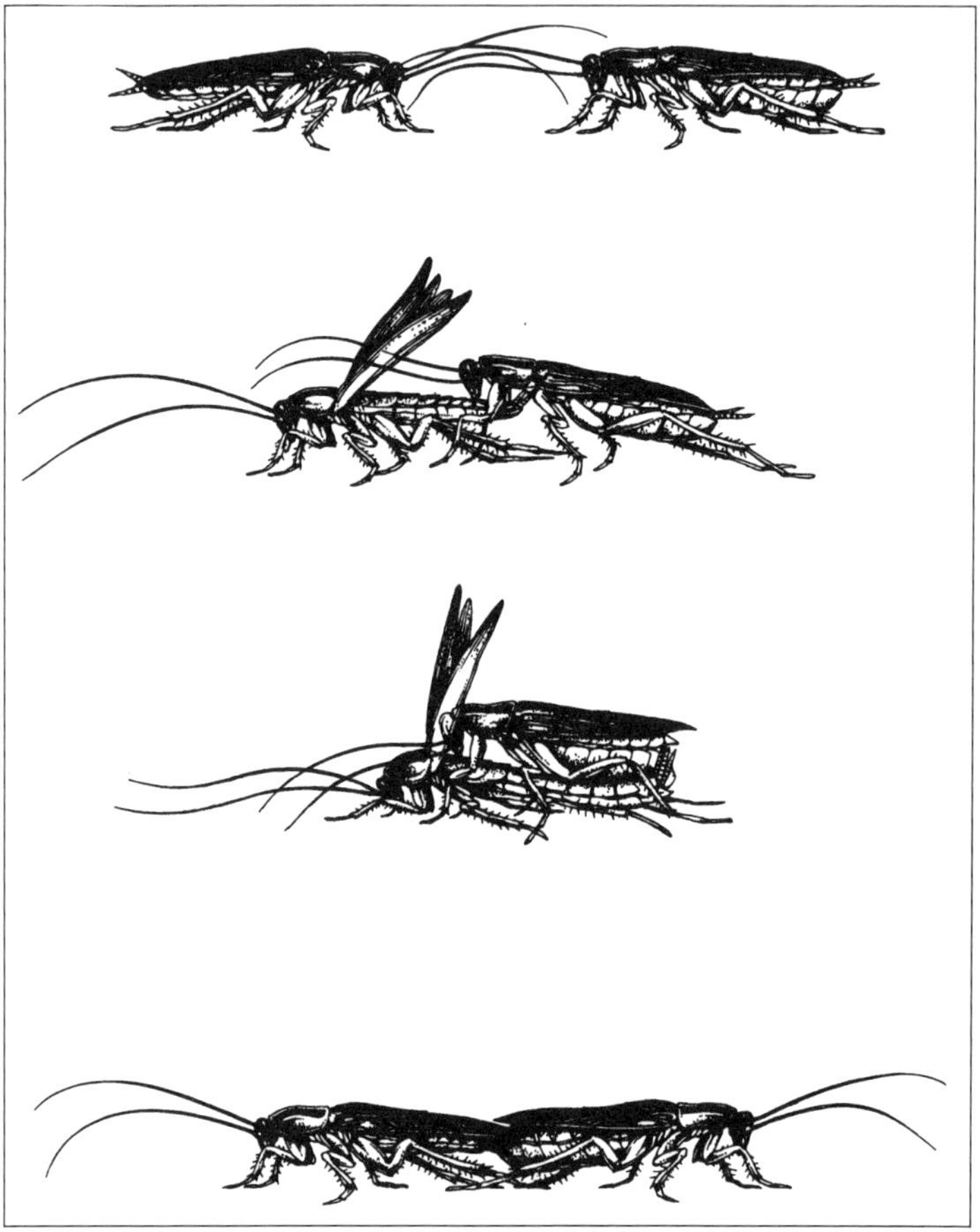

ゴキブリの交尾（上から順に）フェンシング、翅上げ、頭の押しつけ、接続

キリギリスだろう。「私は、汝のひたむきな歌声に耳を傾けることが好きだ。芸術性を秘め、短気で小さな独断論者、かわいいキリギリスよ」とは、詩人オリヴァー・ウェンデル・ホームズが書いた詩である。ジョスカン・デ・プレなど、管弦楽曲にコオロギの鳴き声を組み込んだクラシック作曲家もいる。今までのところ、摩擦音を出すゴキブリの詩や協奏曲を書いた人はいない。

ゴキブリはどうやって音楽を奏でるのか。硬い櫛の歯の並びに爪を這わせてみると、おおまかな感じがつかめるだろう。前胸背板の両端にそって、小さなやすりのように隆起した筋（ストリアと呼ばれる）が何本もあり、これが櫛の歯にあたる部分である。前翅の分厚い外側の縁が爪の役割をする。前翅の残りの部分は、ゴキブリの拡声装置となる。その紙のように薄い表面が音を増幅させ、世界の隅々に響き渡らせる。音程を高くしたり低くしたりするには、体の二つの部分を擦りあわせる速度を変えるだけでよい。

雄のマデイラゴキブリは、鳴く鳥やザトウクジラや人間のように、雌の気をひくために鳴く。雄の前胸背板には約五〇本のストリアがあり、前翅には七〇〇～九〇〇本のストリアがある。雌はそれよりわずかに少ない。危険を知らせる時にも雄と雌の両方が摩擦音を出し、昆虫学者アシュレー・B・ガーニーの表現によれば、「低いギーギーという音」を出す。小さな蛾ほどの大きさもない昆虫が発する、この低いギーギーという音は、飢えた蜥蜴（とかげ）や鳥が、ぎょっとして捕えた薄茶色の獲物を取り落すほどである。このマデイラゴキブリが、どのようにして摩擦音を出すのかを研究するべく、ガーニーは実際に数匹の乾燥した標本を実験室に持ち込んだ。ここで、彼はゴキブリの体のパーツを指で器用に扱った——世界一小さいといってよいバイオリンを使って、実際にセレナードを演奏したのだ。

ハイイロゴキブリ *Nauphoeta cinerea* の雄と雌は、危険が近づくと摩擦音を出し、六〇デシベルを超える――目覚し時計よりわずかに低いだけ――ハイパワーでチーチーと甲高い声を連発する。求愛で音を出すのは雄だけで、それも他の求愛戦略がことごとく失敗に終わった時のみである。雄のハイイロゴキブリは、生殖期に達していてもその気にならない雌のすぐそばまで接近し、脚を踏ん張り、腹部に空気を吸い込んで、前胸背板を前翅の細い筋にあてて、ギターピックのように前後左右にすばやく動かしながら震え始める。

このようにして発せられる雄の求愛コールは、H・バーナード・ハートマンとルイス・M・ロスによれば、「パルスが複雑に連なったものが二〜六回繰り返され、その後二音節のチーチーという音の長い連続である」とまとめることができる。その単パルスの列やチーチーが連なって、それぞれ五秒ないし一〇秒の句（フレーズ）になる。さらにそれらがつながって、三分は続く「文（センテンス）」を形成する。気難しい雌が、鳴いている求婚者から離れればこの長々しいラブソングは終わる。マドンナの心を動かせ！

パーン、ガラガラ、シューシュー

ゴキブリはいろいろな方法で音のコミュニケーションを行なう。熱帯地方に生息する *Eublaberus posticus* は、求愛中に腹部を地面にぶつけてパンと音を出す。マダガスカルゴキブリは、腹部を収縮させて、腹部の気門から空気を噴出して音を出す。九〇デシベル近い非常に強力な噴出音は、三・五メートルほど離れたところからでも聞こえる。それで、このゴキブリが生息する東アフリカの島に移

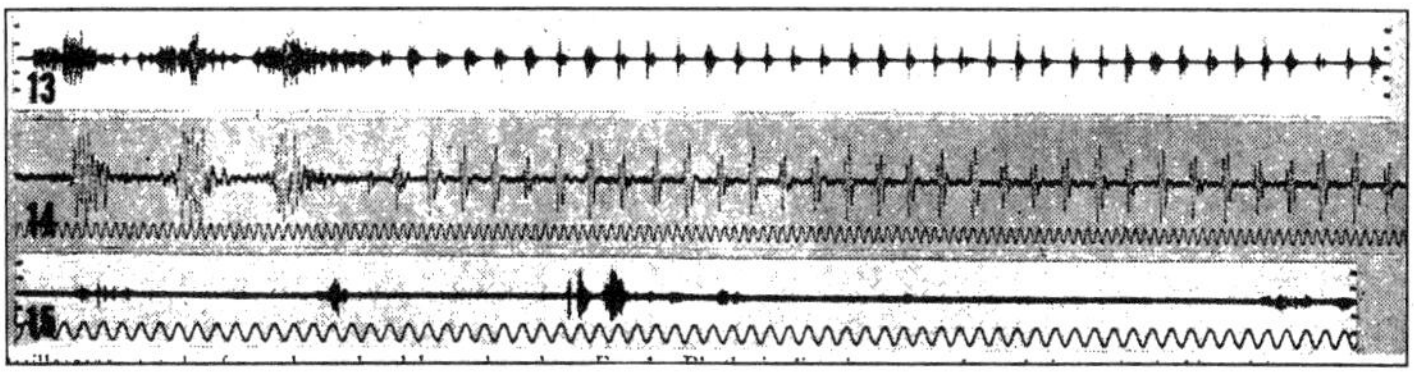

ゴキブリの歌の音響記録図――パルスと連続する部分がある（ハートマンとロスの論文より）。

住したヨーロッパ人は、体長五〇～九〇ミリもあるこの昆虫に「吹き虫（ブロワー）」というあだ名をつけた。マダガスカル島の中央高地に住む土着民は、この種をコフォコフォカ――この虫が出すカチャカチャという音のこと――と呼ぶ。

　マダガスカルゴキブリの雄と雌は区別しやすい。成虫の雄は前胸背板にある対の短くて先の丸い角が特徴で、縄張りを争って押し合いする際にこれを槌のようにして使う。雌にはこの突起物がなく、体は雄よりもはるかに大きくて重い。野生の状態では雄も雌もいっしょに大きな群れとなって生活し、生殖期に達した成虫も、様々な発育段階にある若い虫も、朽ちた丸太の上でいっしょに食べ物をあさる。両性とも危険が近づくと大きな音を出し、捕食者から逃れようとする時には、さらに勢いよく噴出音を出す。

　雄のマダガスカルゴキブリ（一三二頁図）は、さらに三つの社会的状況――雄どうしが出くわして争いになる時、求愛する時、交尾をする時――でも噴出音を出す。ある実験で、雄のその特殊な気門を瞬間接着剤で密封した。もはや噴出音の出せない、この哀れで不運なゴキブリたちは、今までどおり普通の求愛をすることはできても、雌との交尾はほとんどが不成功に終わった。研究員がテープに録音した求愛のシュッシュッという音を聞かせてはじめて、音の出せない雄は、自分から背にのぼってくれる相手を見つけることができた。

相手を誤った情事

雄が雄に恋して言い寄ることがしばしばある。そのような行動は、混みあった状態の中で、求愛中の雄に付着した雌の性フェロモンの分子による影響だろうと考えられている。かなりまれなことではあるが、この同性愛的行動は、チャバネ、ワモン、オーストラリア、ハイイロ、マデイラなど、多くの種で観察されている。研究室で飼育された状態で、周囲に生殖可能な雌がいなければ、ハイイロゴキブリの雄どうしが鳴き合うこともある。

フェロモンが駆り立てる衝動については容易に説明がつく。しかし、求愛中に雌がする背乗りや頭の押しつけをまねて、雌のようにふるまう雄というのは、行動学者も説明をつけかねている。公式には疑似雌行動と呼ばれるこの計略的な行動は、背中に乗られた雄との交尾行動にまで発展することもあるが、まず交尾器の接続には至らない。

ピーター・ウェンデルケンとロバート・バート・ジュニアは、なぜそのような疑似雌行動をするのか解明しようとして、ブラベルス属 *Braberus* の四種について、雄がまねる交尾前のその奇妙な行動を、交尾前、交尾中、交尾後のそれぞれで観察した。すると、雄どうしが争ったり、追いかけまわしたりする行動が頻繁に発生することに気がついた。たいていは、ペアになっていない雄が、交尾をしようとしている雌の邪魔をすることで始まった。そのような攻撃の最中に、攻撃をしかけた雄がライバルの背によじ登り、前翅や前胸背板をつかんで噛んだりすることも頻繁に起こった。

二人の昆虫学者は、攻撃をしかける雄は交尾を邪魔する最後の手段として、その気になった雌をわきに押しやり、かわりに盛んに求愛する雄の背に乗るのだということもわかった。しかし、邪魔に入った雄は雌とは違って、上げられた翅や刺激体を強く噛むので、犠牲となった雄が逃げようとして

家を走り回るゴキブリちゃん
鼠のように静かなゴキブリちゃん
どこにでもかさこそ現れる
家の食い物は全部やられる
ある日のこと、何だよ、おい
どこかで何かが焼けるにおい
うまそうなパンケーキじゃないか
ゆっくり膨れてるじゃないか
ゴキブリは喜んでスキップ
うっかりしてスリップ
熱いたねの中へ落ちてしまった
燃えてレーズンになっちまった
——ハワード・「ルーイ・ブルーイ」・アームストロング「『ラ・クカラチャ』に捧げる抒情詩」"Lyrics to 'La Cucaracha'" より。

ペンシルヴェニア・モリゴキブリの雄と雌は、外見がまったく異なっているため、かつては別の種だと考えられていた。雄には腹部よりも長く伸びた翅があり、雌は雄よりも小さく、翅もずっと短い。

前方に傾いたのだ。雌のかわりに雄の背に乗ることが、ライバルを出しぬいて雌を勝ち取るチャンスを再び手にするための唯一の手段なのだ。

独力で増えるゴキブリ

交尾と言えば、オガサワラゴキブリ *Pycnoscelus surinamensis* は、規則があれば必ずある例外である。このインド＝マレー種の雌は、雄から精子を受け取ることなく生殖できる。しかし、これには一つ問題点がある。実は、雌――一回で約三五匹――しか生まれないのである。研究によって、オガサワラゴキブリは二つの系統に別れており、この方法で生殖できるのは、その一方だけであることが明らかにされている。

この生殖方法は単為生殖と呼ばれており、昆虫ではそれほど珍しいことではない。フロストの『昆虫の生態』(*Insect Lives*) によれば、ある科学者が四年三か月の月日をかけて、アリマキを単為生殖で九八世代にわたって飼養し、ただ退屈だからという理由でこの実験を終了した（アリマキの方もおそらく退屈だっただろう）。アリマキは、研究室の外では天候が暖かくて食べ物が豊富な夏の数か月間だけ、この無性生殖を用いるらしい。これら単為生殖をする昆虫の卵巣内にある胚の中には、実は小さな胚が含まれており、その奥には、さらに小さな胚がある。ロシアの木製の人形が次々と入れ子になっている様を思わせる。

チャバネやチャオビなど、他のいくつかのゴキブリでは、未受精卵が、不完全ではあるが発育することがわかっている。しかし、これらの卵が孵化することはない。トウヨウとワモンの未受精卵が、実験室で完全な成体に育てられたことがあるが、野生の状態で同じ結果が得られる見込みはないようだ。鳥や蚕やマルハナバチのように、ゴキブリもほとんどの種類が、つがいになってタンゴを踊るのが普通である。これを聞けば、ゴキブリに悩む家主や賃貸人もほっとすることだろう。

窒素の贈り物

交尾の後、雄が、特殊な尿酸腺から分泌される尿酸塩を雌に与えるゴキブリがいる。熱帯地方に生息する *Xestoblatta hamata*（チャバネゴキブリの遠い親戚にあたる）は、この腺が雄の腹部の先端にある。生殖器が離れるとすぐに、雄は翅を上げ腹部を入れ子式に縮めて尾端を雌の方へ向ける。雌は、雄の生殖器の穴から出る白いどろどろとした尿酸塩を食べる。コスタリカの原生林に生息する個体で研究者が時間を計ったところ、この祝宴は四、五分続けられる。食べてくれる雌がいないと、尿酸塩によって尿酸が体内に過剰に蓄積され、ついにはその毒素で雄は死んでしまう。このため、交尾は比較的時間をかけて行なわれ（約四時間に及ぶ）、雌には尿酸塩への渇望が極限に達するよう十分な時間が与えられる。

雌は、なぜ最初の時点で尿酸塩を欲しがらないのか。研究室での分析によると、身ごもった雌は、卵を産みつける時に窒素を豊富に含んだ生成物をいっしょに混ぜ込むのだという学説が有力だとされている。それらは、卵のカプセルの中で胚が成長していく過程で、貯蔵物質としての役目を果たす。このように、雄親が与える窒素は雌だけでなく子供のためにもなる。

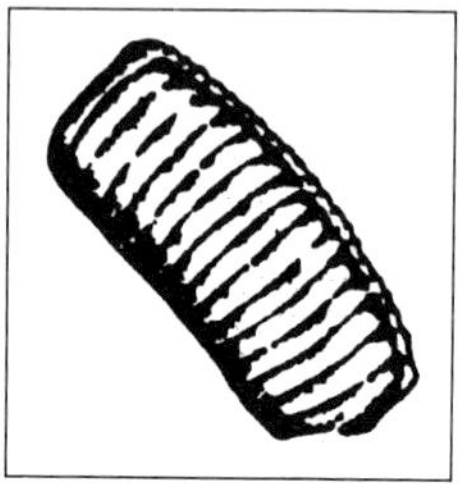

便利なキャリーケース

ゴキブリの卵は財布の形をした卵のカプセル、つまり卵鞘の中で成長する。このカプセルは、雌の卵管へ通ずる一対の粘液腺から分泌され、牛の角に似た形の、丈夫でしかも柔軟な物質でできている。卵鞘がどのようにして作られるのかについては、マイアルとデニーによる『ゴキブリの構造と生活史』(*The Structure and Life History of the Cockroach*)に、わかりやすく述べられている。

分泌物は初め流体で白いが、空気にさらされて固まり茶色に変色する。こうして陰門を型に形成された鞘は、中は空洞で、卵管との共通の出口に向かって前方の口が開いている。それができあがると、卵が一つずつその中へ渡され、一杯になるとまた新しくつぎたされて長さが徐々に伸び、その内、最初に作られた部分が雌の体から突き出してくる。

	卵鞘の数	卵鞘中の卵数
ワモンゴキブリ	10-15	16-28
コワモンゴキブリ	2-3	22-24
チャオビゴキブリ	1-2	16
チャバネゴキブリ	4-8	37-44
オガサワラゴキブリ（単為生殖）	20	26

卵は卵鞘内の個々に仕切られた部屋に納まる。これらの部屋は二列に平行して並んでいる。一つの卵鞘（卵のカプセル）に産みつけられる卵の数、また一匹の雌が生涯に作る卵鞘の数は、属や種によって異なる。

鞘が一杯になると、開いている上端が綴じられる。竜骨のようなきれいなV字型の綴じめが作られ、卵鞘の端から端にまで及ぶ。竜骨には、成長していく胚が呼吸できるように小さな空気孔が開いている。呼吸によって、酸素と二酸化炭素の両方が、卵を包む薄い透明な膜を通り抜ける。この膜は、構造上は収縮包装のフィルムのようで、水分を保って成長していく胚を乾燥から護る。この重要な適応のおかげで、地質年代初期の厳しい乾燥期も、ゴキブリは生き残ることができたのだろう。

次に卵鞘がどうなるかは、いくつにも分かれる科によって異なっている。チャバネゴキブリ科 *Blattidae* に属するワモンゴキブリなどは、卵鞘を作ると数時間あるいは数日間、安全な場所に置いておく。この科の親ゴキブリは、子供の孵化をいっさい手助けしない。

チャバネゴキブリ科に属するマデイラゴキブリなど多くの種は、卵が孵化するまで卵鞘を持ち歩き、親が子供を比較的よく保護し、面倒を見る。子供は、母親の子宮のような繁殖のための袋の中で孵化する——これを専門的には「不完全卵胎生」という。

チャバネゴキブリ科の中でもチャバネゴキブリなど数種は、卵鞘を数週間持ち歩

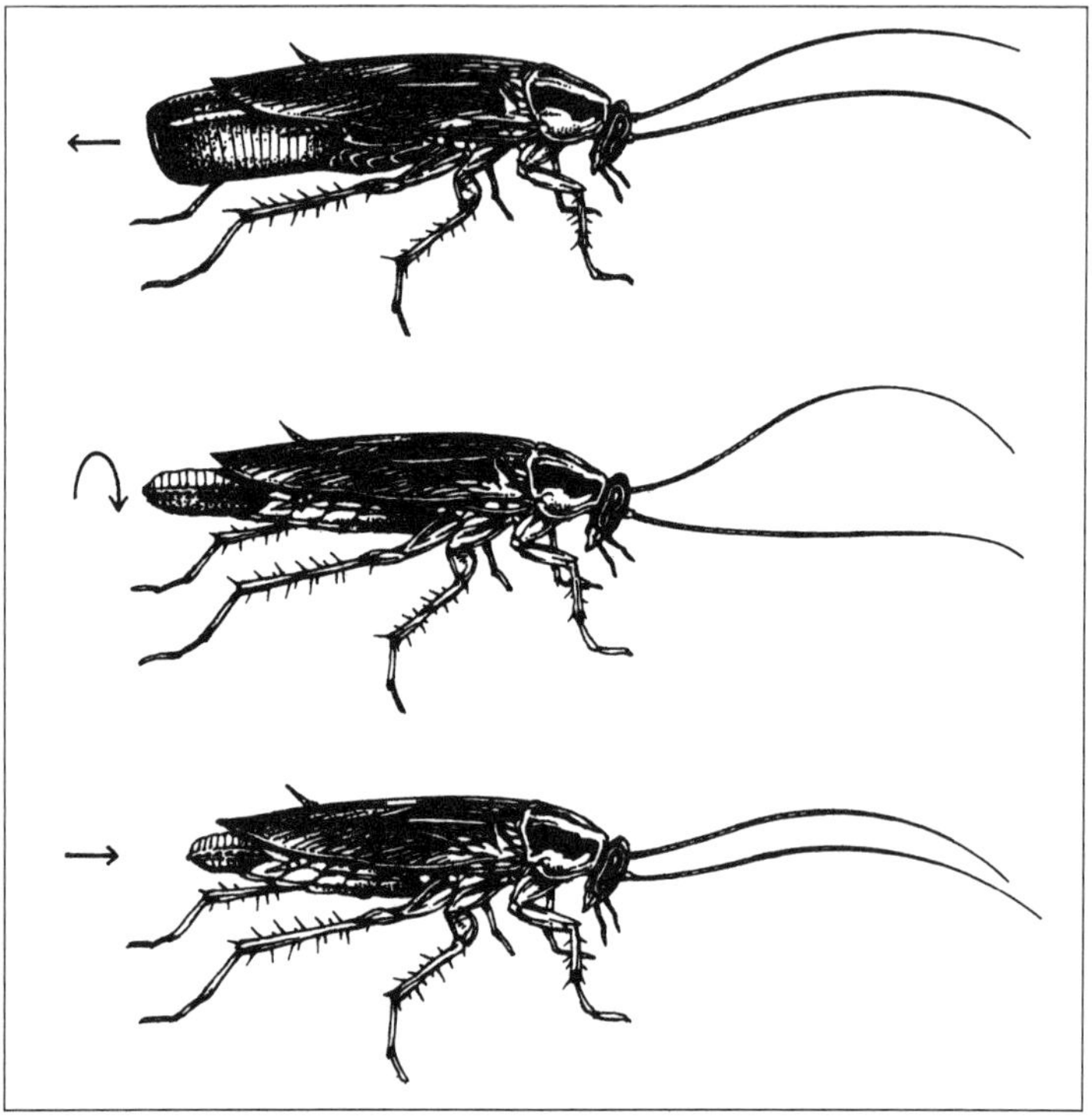

卵を抱えていてもスレンダーなまま——押し出して、回転させて、引っ込める。

き、卵が孵る二、三時間前になると切り離す。これらのゴキブリは、財布型の鞘を持ち運ぶ間、体を収縮させているという特殊な技を身につけている。まず卵鞘を体から四分の三ほど押し出し、九〇度回転させてから中に引っ込める。

胎生のゴキブリ

新しいゴキブリを世に送り出す第三の戦略は、ブラベルスゴキブリ科 *Blaberidae* のパシフィック・ビートルと呼ばれるものがとるものである。この小さくて茶色いインド太平洋系の種の雌は、子宮のような物の中で胚を持ち歩き、卵鞘はそのなごりを残す程度でしかない。さらに、子宮の内層から、その目的や用途から考えて「ゴキブリミルク」と呼ぶべき物質を分泌する。腺から分泌されるこの液体は栄養のある飲み物で、その四五パーセントが蛋白質、二五パーセントが炭水化物、一六〜二二パーセントが脂肪である。この液体は、口や消化器系の機能が発達してから生まれるまで、一〇個以上の胚の生命を維持する。

子宮から直に生まれるパシフィック・ビートルの子供は巨大で（約七・五ミリ）ワモンゴキブリなど、かなり大きめのゴキブリの孵化したての子供と比べて約二倍の大きさである。パシフィック・ビートルの親は、われわれ人間が子供に与えるのと同じ、進化による有利な条件を子供に授ける。大きく生まれるほど生き残る確率は高くなり、子孫へと遺伝物質を受け継いでいくことができる。このような子供の養い方はゴキブリの中では珍しいが、他の昆虫目にはよくあることで、中でも変わり者のアリマキの仲間には特によく見られる。

ゴキブリの誕生

最初の二週間は、外から見ても、卵が詰め込まれ封印された卵鞘内で何かが起こっているような気配はない。しかし、鞘の中では成長しつつある胚がより昆虫らしくなり、もはやパンの薄切りのようではなくなり始めている。たいていの種では、黒っぽい点の並び――その一つ一つがゴキブリの胎児――が、卵鞘の外壁を通してかすかに見えるようになる。この発育段階ですでに胎児の目、口器、触角、脚が簡単に見分けられる。

卵が産みつけられてから、短くて一五日、あるいは長くて九〇日で、赤ん坊は外に出る態勢が整う。まずは、卵鞘の狭い綴じ目に向かって押し始める。そして次に、一分あたり二、三個の小さな空気の泡を飲み込み始める。気泡は消化管の中にたまり、これから産まれるゴキブリの体を二倍近くの大きさに膨らませる。

きちんと整列して詰め込まれたゴキブリの体は急激にどんどん膨らんで、一方向に――外に向かって――大きくなるしかない。やがて、鞘の綴じ目が破れて赤ん坊が溢れ出す。出てきたゴキブリはさらにもうひとがんばりして、哺乳動物の羊膜の袋のように体を覆っている、薄く透き通った膜から脱出しなくてはならない。二、三度痙攣するようにもがいたり、体を回転させたりしながら膜を破り――胎児の脱皮と呼ばれる過程――赤ん坊は自由になる。これでやっと、今まで窮屈に押し込められていた触角を振り、六本の長い脚を動かすことができる。

幼虫

新しく生まれたゴキブリ、つまり幼虫は、飲み込んだ空気で膨張している。しかし、二、三分もすると、空気が抜けて体長も胴回りも半分ぐらいにしぼんでしまう。初めは体はほとんど透明で、明るい緑がかった内臓が見えるほどである。しかし、孵化してから一、二時間後には、キチン質の外骨格が徐々に幽霊のような蒼白さを失いながら、硬くなりはじめる。

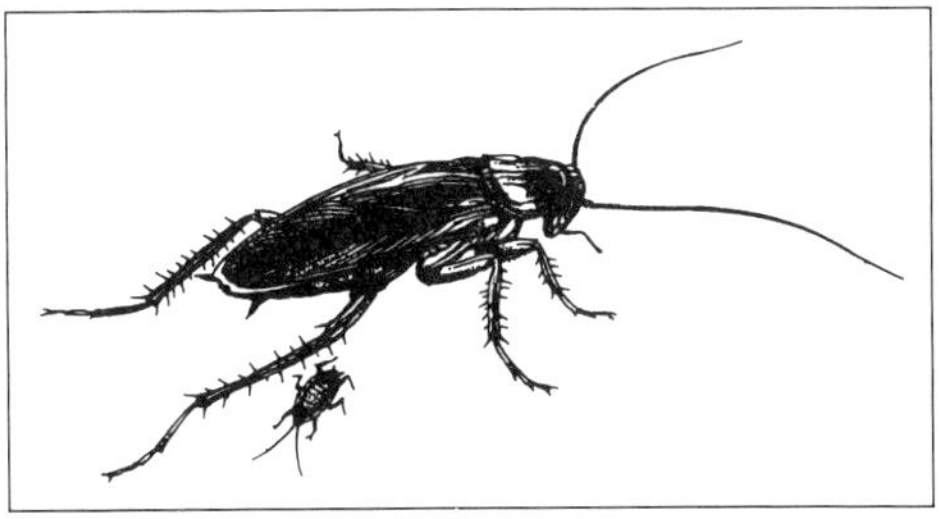
ワモンゴキブリの雌と幼虫

新しく生まれたゴキブリには翅がなく、成虫よりも触角と尾毛が短いことが見てとれる。ゴキブリは一連の発育段階を経て体が大きくなり変態していくが、それは周囲をとりまく気温などの環境条件によって影響を受ける。チャバネゴキブリの幼虫は、五〜七段階に分かれて成長し、各段階ごとに五〜一四日かかる。従って、成虫になるまでに五〇〜六〇日かかる。巨大ゴキブリの幼虫は、脱皮を九〜一一回繰り返し、二五七〜二七七日にも及ぶ。

温帯地域に生息する *Ecotobius lapponicus* という黒っぽいゴキブリなど数種の幼虫は、成虫に達するのにさらに長い時間を要する。これらのゴキブリは、冬の間は休眠して過ごし、初春になると卵鞘から這い出してくる。夏から秋の終わりにかけて成長と変態を繰り返し、成虫になる前に二度目の冬をじっとして過ごす。このゴキブリの生涯をしめくくる最後の段階は、一年のうちの七月から九月、長くて一〇月までと驚くほど短い。

脱皮の謎

幼虫の成長段階は、それぞれ脱皮によって区切られる。その時ゴキブリは、文字どおり自分の皮を脱ぐ。幼虫の成長段階がどこにあっても、より大きくなるにはこの方法を取るしかない。というのは、ゴキブリの外骨格は堅いキチン質でできており、一ミリたりとも大きくなることはないからだ。そこで、成長が始まる頃になると、幼虫はまた空気を大きく吸い込む。こうすることによって、外皮が頭から尾の先まで背中にそって一直線に裂ける。つい先程まで自分の物だった堅い外皮の中から、新しいゴキブリが現れる。

再び誕生したゴキブリは見た目がいいとは言えない。蒼白く、皮が薄くて、弱々しく……つまりは間抜けな姿である。食料貯蔵室やシャワー室で、この生焼けのような変わった動物が見つかると、色素がない動物（アルビノ）や「奇形の」突然変異体とよく勘違いされる。しかし、この「希少な」標本を捕まえてタッパーウェア容器に入れておくと、すぐに勘違いに気づくことになる。

グロテスクな幼虫は、すぐに変化し始める。空気をさらに吸い込むことによって、皺の寄った色素のない皮を風船のように膨らませる。あっという間に、皮が四方八方に伸びて皺がなくなる。できたばかりのまだ柔らかくてしなやかな外骨格は、しばらくすると乾燥して硬くなる。と同時に色も徐々に黒っぽくなってくる――この過程は「なめし現象」と呼ばれる。二、三時間もすれば、新しい外皮はグラスファイバーのように丈夫になる。完全に再構成されたゴキブリは、二、三時間前に比べて目に見えて大きくなっている。

脱皮が完了すると、幼虫は蛋白質やキチンを新しい体に取り込むため、古い外骨格を食べるという重大な仕事にとりかかる。時折、この脱ぎ捨てられた皮のよろいが、幼虫が平らげてしまう前に見つかることがある。極めて薄く、原型となる持ち主の実物大のレプリカであるこれらを慎重に扱ってとっておき、後で虫眼鏡を使って調べてみるとよい。生きているゴキブリの隅から隅までが――細長い触角から、気門の穴が残った小さな「舷窓」まで――このもろい形見に残されている。

再生する脚

私たちがいつでも新しい皮膚を作り出すことができたなら、手足を少々失っても深く悲しんだりはしないだろう。ゴキブリは脱皮をする時に、以前に切れたり負傷した脚や口器、触角などを再生する

> もし昆虫が話す能力を持っていて、それを私たちが理解できるとしたら、会話の主な話題は、きっとこんな言葉で始まるのだろう。「ちょっといいかな。この間脱皮してね……」――エドウィン・ウェイ・ティール『地平線の近く――昆虫の園の話』*Near Horizons : The Story of an Insect Garden*, Dodd, Mead & Co.（一九四二年）

ことがよくある。時には、再生した脚の節が足りなくて、他の脚より短かくなることもある。しかし、たいていの場合、再生は完全に行なわれるか全く行なわれないかのどちらかである。

チャバネゴキブリなど多くの種の体には、はっきり分かっているだけでも弱いポイントが一四か所あり、その部分での破損が最も起こりやすい。手か脚かがその箇所からちぎれると、切れた接合部が防護壁のようにすばやく閉じて、体液が流れ出て大事に至るのを防ぐ。

赤ん坊を育てる

ゴキブリの大半が、卵鞘を産み落とすとどこかへ行ってしまい、残された子供は自分で身を守るしかない。ところが、不完全卵胎生種の子供は、生まれてから数時間は母親のそばで過ごす。そうすることで幼虫は、キチン質の外皮が堅くなるまでの限られた時間、母親の保護を受けることができる。装甲が完了すればもう解散しても安全だ。

生まれたばかりの幼虫が、鶏小屋で孵化したての雛がするように、母親の腹部や翅の下に群がるゴキブリもいる。また別の何種類かのゴキブリでは、母親と子の関係がさらに長く続く。キューバ穴掘り(バローイング)ゴキブリ *Byrsotria fumigata* の幼虫は、二度目の脱皮が終わっても――孵化後約一か月という例もある――まだ母親の下や近くにいる。母ゴキブリは、鶏とは違い、活発に動いており、子供を集めたり番をしたりしない。研究者たちは、この優秀な母親たちが集合フェロモン（一七一頁、誘因性化学物質を参照）を出して、子供たちがそばから離れないようにしているのだと考えている。

さらに、母と子の絆がより顕著に見られるのは、*Perisphaerus semilunatus* という光沢のある黒いゴキブリで、タイ北部のチークの木が生い茂る森林に生息する。この種の幼虫は、なんと母親の腹にしがみついて、厚く生い茂った森林の中を一か月間乗りまわす。グンタイアリなどの捕食動物が現れても、装甲のある母親がワラジムシのように器用に丸まって子供の大部分を覆い隠す。

このゴキブリの幼虫は眼を持たず、何度か脱皮を繰り返して成長するうちに眼ができあがる。また、長い吻のような口器は、母親の腹部を護るよろいの小さな隙間に「差し込める」ようになっている。目も見えず、親の保護に頼ってただぶら下がっているだけの幼虫は、ゴキブリの標準から考えれば例外的に親への依存度が高い。この弱虫は、母親の腺から分泌される液体を絶えず吸っているのではないかと考えている専門家もいる。

ケープマウンテンローチ *Aptera cingulata* とその赤ん坊

一匹から四五〇〇万匹

一匹のゴキブリが、生まれてから死ぬまでに作る子供の数は何匹か。その答えは、誰を、またどれを信じるかによる。

最もショッキングな——しかも、多くのゴキブリ研究家や害虫駆除業者が最もよく引き合いに出す——統計値は、多産によって繁殖する動物の中でも群を抜いているチャバネゴキブリについて得られるものゴキブリのアルビノや突然変異体は確かに存在するが、それが個体数の中で占める割合は、脱皮中の幼虫の割合よりも著しく少ない。バージニア工芸大学のメアリー・ロス博士は、「パール色」と「ラベンダー色」の眼を持つワモンゴキブリについて述べており、また「変わった体」や「膨らんだ翅」を持つ突然変異体に関する論文も発表している。

である。チャバネゴキブリの成虫の雌は一五〇日にわたる一生の間に、それぞれ四〇個程度の卵が入った卵鞘を八個ほど産むことができる。つまり、五か月たらずで三二〇匹の子供を産む。

このような情報をもとに、創造力ある数値演算専用コンピューターが、数学的には正確であるとはいえ、信じがたい推定値をはじき出した。その最たるものが、全米食品医薬品局が発行する専門的な公報である『食品産業の害虫に関する生態学と対処法』(*Ecology and Management of Food-Industry Pests*)に出ている。

理論上では、一匹の受精した雌からは、一年(約三・四世代)で一〇〇〇万匹以上の雌が産まれることになり、一年半(五世代)では一〇〇億匹以上の雌が産まれることになる。

チャバネゴキブリを使って実際に研究室で行なわれた研究からは、それほど劇的な数値は得られていない。メアリー・ロスは一九七六年に、チャバネゴキブリ一〇組の成虫から始めて、七か月で五万一〇〇〇匹にまで育てた。全米食品医薬品局が提示した個体数の推定を、はるかに下回る数値である。フェアリーディキンソン大学の研究室で行われた実験から得られた数値はさらに少なく、雄のチャバネゴキブリは短いが幸せな一生の間に、九〇二四の子供を作ったと報告された。

ゴキブリの個体数に関する理論上の数値も、研究で得られる数値も、かなり控えめに受け取るべきである。なぜなら、どちらの数値も実世界から得られた資料に基づくものではないからである。どちらも、ゴキブリの幼虫が生き残る確率を一〇〇パーセントと仮定し、捕食や病気による影響を考慮してはいない。また、食糧の供給が、莫大な数の群れを支えるのに十分であることを前提としている。さらには、ある時点で人間が介入する可能性、すなわち、急激に数を増やしていくゴキブリに、殺虫剤のスプレーなどを用いた場合の影響を無視して事を処理している。

このように、論理がかなり大きく飛躍しているにもかかわらず、ゴキブリの繁殖能力に関する異常な統計値は、今なお、科学関係の雑誌や業界誌などに事実として掲載されている。おそらく、その中で最も信頼できるのはデイヴ・バリーのものだろう。生まれ故郷のフロリダでゴキブリに関する記事を書いて、多くの雑誌に寄稿しているコラムニストの彼はこう述べている。

「一九八三年までは、抽出、隙間、割れ目、収納家具を常に目で見て検査し、ゴキブリを数えていた。しかし、一九八〇年代に入ると、住人はそれまでに比べて協力的ではなくなり、我々の方も住人の所有物をあれこれ調べるのがやりづらくなってきた。オートマチックの銃や非合法の薬物など、住人が見つけてほしくはない物まで発見することもしばしばだった。非合法の薬物の存在も、我々がふだん目にする状態の物とは様変わりしてきている。大多数の住人が協力的で、深刻に悩まされているゴキブリの防除法を知りたがるとはいえ、我々は、アパートの一室に置き去りにされた一歳にも満たない子供たち、児童虐待、配偶者虐待、薬物濫用を目のあたりにしてきた。そのせいで、ゴキブリの実地調査をやりたがる研究員はほとんどいない」――フィリップ・G・コフラーおよびリチャード・S・パターソン、『昆虫雑集』*Insect Potpourri*（一九九二年）の中の「ゴキブリ」より。

受精したアジアゴキブリの一匹の雌から産まれた子孫がすべて生き残り、繁殖すると仮定すると、一年で確実に一〇〇〇万匹の新しいゴキブリが産まれる。その数がどれほど多いかと言えば——もしあなたが、一秒ごとに、一日二四時間、一週七日間、ゴキブリを五匹ずつ踏み潰すとしたら、あなたの靴は気持ちの悪いことになるだろう。

さらにひどい想定

これは、害虫ゴキブリの個体数が、どれほど増えるのかを具体的に示す実話である。アーノルド・マリスは『害虫駆除の手引き』(*Handbook of Pest Control*)、処理前にはゴキブリの個体数が五万〜一〇万匹と推定された、テキサス州オースティンにある四部屋のアパートの様子を詳細に述べている。マリスは、その個体の大多数がチャバネゴキブリだったとしている。

害虫駆除専門家の一団が、このアパートを約三リットルの殺虫スプレーで処理してから三週間後、約四〇〇〇匹のチャバネゴキブリが屋敷内を横行していた。さらに三週間後、約一〇〇〇匹の個体が確認された。最初のスプレー処理をしてから六か月近くたった頃、再度アパートの害虫検査を行なった。

噴霧器でゴキブリを隠れ場所から追い出そうと、台所の流しの上にある木の棚に近づくと、以下のことが観察された……あらゆる発育段階のチャバネゴキブリが、壁面に、特に、棚とオープン食器棚の側面が接する角に大量に群がっていた。壁のような開けた場所にまであふれ出すほどで、通常チャバネゴキブリでは考えられないことである。棚と棚との間やその後ろの隙間や割れ目に、相当な数のゴキブリが潜んでいることは明らかだった。隙間や割れ目の中へエアゾールを噴射したとたん、瞬く間に途方もない数のチャバネゴキブリがとび出してきて、壁や天井を狂ったように走り回った。台所のテーブルにかけてあったカバーを持ち上げると、テーブルの縁にそって大量のゴキブリがへばりついていた。噴霧したとたん、雨粒のように落ちて、狂ったように四方八方に逃げた。

かなり強力な殺虫処理をした半年後でさえ、マリスの推定によれば、一万五〇〇〇～二万五〇〇〇匹のチャバネゴキブリが、この物であふれた台所を住処としていた。

移動

ゴキブリの個体数が抑制されないまま急激に増え続けると、やがて室内環境の収容力を超えること

> 「暖かい夜、町の繁華街では、食べ物を求めて排水管から出てきた何千匹ものワモンゴキブリが、丸石の敷かれた路地の上を皮で一枚覆ったように移動していき、レストランの裏口の下へと滑り込んでいく。群れをなすゴキブリは、聖書を題材にしたワイドスクリーン映画の大作にあったイナゴの大群のようだ」——一九九五年六月号「ロサンゼルス」誌に掲載されたデイブ・ガーデッタ「ゴキブリ」（*Cucaracha*）より。

になるだろう。こうなると、超えた分の個体が新しい生活空間や食料源を求めて出ていくか、あるいは同じ場所にとどまり、ゴキブリがゴキブリを食べる世界（詳しくは一八四頁）での生存競争に生き残るかのどちらかである。大移動はめったに報告されない。おそらく、そういった大規模な行動は夜に行なわれるからだろう。

九月の薄暗い霧雨の降るある日のこと、昆虫学者のリーランド・O・ハワードは首都ワシントンで、そのめったに見られない旅立ちを目撃した。一八九五年に彼はこう記している。「ペンシルヴェニア通りに面する古いレストランの裏から大群が出てきて、水溜まりや堆積した灰などの障害物をよけながら、ぬかるんだ道を横切り、向かいの建物の正面を目指してまっすぐ南下していった」。

この異常な大群が目指した目的地は、帚を持った機械工場の労働者らが急遽結成した市民軍によって防御された。ハワードは「彼らは腕が疲れるまで掃き続けた」と、ジャック・ロンドンを彷彿とさせるような文体で書いている。それでも、男たちは押し寄せてくる潮の流れをくい止めることができなかった。

その時、前衛の男が、暖房炉の熱い灰を煉瓦敷きの歩道沿いに、線を引くように撒くよう指示した。これがバリケードとして効を奏した。最前列のゴキブリは触角や前脚を焼かれ、軍隊は左右に分かれて、隣接した建物の間の通路に逃げ込んで姿を消した。

後にハワードは、この猛攻撃は何万匹ものチャバネゴキブリによるものだったと確認しており、二時間から三時間続いたと書かれている。「軍団を構成する個体の大半が、卵鞘を抱えた雌だった」とも言っている。

ハワードは、そのレストランが最近、大掃除や殺虫処理をしていなかったことを知って、なぜ突然雌は移動することにしたのか、理由を必死に考えた。最終的に彼がたどり着いた推論は、「このレストランは母親たちを養うことはできても、生まれてくる子供たちの分までは十分な食糧がないだろう」という恐れが、移動に駆り立てたというものだった。もっと大きな動機があるという証拠はまったくないが、この答えはとても納得のいくものではない。

6
ゴキブリの移動手段

害虫種のゴキブリが一日をどのようにして過ごす（食べる、徘徊する、休息する、生殖するなど）のかについては、詳しく研究されてきた。たとえば、チャバネゴキブリの成虫の雄は、雌や幼虫よりも活動的であることがわかっている。普通の状態で、ゴキブリの一日のリズムには、活発に行動する時間帯が二つある。一つは日没後の三時間、もう一つは夜明け前の一時間である。この二つの時間帯に、ゴキブリは毎日決まって餌や水をあさり、別のもっと快適な隠れ場所を求め、将来のパートナーを探す。屋内に住むチャバネゴキブリとワモンゴキブリは、夜中に餌を食べる。食べ物や水を暗くなってからは与えずにおいて、昼間は食べられるようにしておいたとしても、この行動パターンは変わらないだろう。しかし、数が増えるにつれて、餌やパートナーや隠れ場所を得るための競争は激しくなっていく。そうなると、ゴキブリは家の中でまだ占領されていない場所へ移動したり、開けた場所で――真昼の明るい光のもとでさえ――行動する時間が長くなったりと、さらにあつかましい態度をとるようになる。

家や研究室の外では、ゴキブリの行動を監視するのはきわめて難しく、何千種にも及ぶ害虫種以外のゴキブリについては、詳細な行動様式はつかめていない。そういった情報が集まってくれば、ゴキブリの日々の暮らしについての一般的な考え方が変わることもおおいにありうる。

すばらしいフットワーク

ゴキブリには脚が六本あるが、通常一度に動かすのは三本だけである。体の片側の一本めと三本めの脚と反対側の二本めの脚は、体を支える三脚を作って動かさない。支える役目のない、残りの三本の脚を前へ動かす。一歩前に進んだ三本の脚で新たな三脚を作り、今度は静止させていた脚を前へ進ませる。

このようにして次々と足を踏み出すことにより、重心は常に、三本の脚が作る支えがきく範囲内に保たれる。そのため、体重が均一に分散しているゴキブリは、いつでも歩いている姿勢のままで、倒れることなく静止できる――馬、人間など多くの動物は動作している姿勢のまま急に静止することはできない。

ゴキブリは歩いているときも、動作の速度を速めるだけで、すぐに走るモードに切り替えることができる。チャオビゴキブリなど二、三種のゴキブリは、実にのんびり歩きながら翅を広げて体重を後ろにかける。翅を上げてステルス爆撃機のような角度にし、二本の後脚で走ることによって最高速度に達する。

「ゆかのうえのむかでくん／あんよのかずがおおくていいな／ぼくのひさんさをみておくれよ／あしはろっぽんしかないんだから」――アーチー、『めひたべるのあーちーのくらし』より。

ゴキブリ横断注意の標識。アトラス社のスクリーントーンより。

カリフォルニア大学バークレー校の研究員らが、あるワモンゴキブリの標本が走る速さを、秒速約一・五メートルと計測した。これは、およそ時速五・五キロに相当する。簡単にこの二倍以上の速度で進める人間にとっては、大したことではないように思えるだろう。しかし、ゴキブリのこのすばらしい能力は、尺度に比例させて考えなくてはならない。

ワモンゴキブリは、一秒間に自分の体長の五〇倍の距離を進むことができる。これは、人間が同じ時間内に到達できる距離の一〇倍にあたり、さらに、馬の八倍以上にあたる。また、地上で一番速い動物であるチータの最高速度は時速八八キロに達するが、その相対的な速度の約三倍にあたる。

ワモンゴキブリの系統よりもかなり小さいチャバネゴキブリは、大きさに比例して走る速度は遅い。チャバネゴキブリの中で、毎秒三〇センチより速く走れるものがいたら、すごいということになるだろう。

簡易トイレ——お届け&持ち帰り

ゴキブリレース

毎春、競走用ゴキブリのサラブレッドたちが、全米速歩競走で賞金（この場合は五〇ドルと台所のごみ入れのような形をしたトロフィー）を目指して競い合う。六本脚のダービーであるこの盛大なイベントは、パーデュー大学昆虫学科が主催している。一九九一年に始まり、学部の生徒や職員らが特別注文の円形トラックを用意し、研究用に飼育されたゴキブリからレーサーを選出する。

「この子たちは走るために生まれてきた」と、昆虫コレクションの管理者であり、ゴキブリレースのアナウンサーでもあるアーヴィン・プロヴォンシャは言う。彼の競走ゴキブリには、「ショッカクフリフリ」、「ハシリタガリー」、「ミンナキライ」といった名前がついている。それぞれ背中をアクリル絵の具できれいに塗られ、レースカラーに色分けされている。大きなボードには、血統図（「ゲスイノサム」と「フハイショリキノサリー」の子「シアトルゲスイドー」といった具合）が貼り出される。

フェロモン賛成、殺虫剤反対

見物人——一九九五年は七〇〇〇人以上——は、プロヴォンシャが（二ハロンならぬ）「二ハショー」と呼ぶレースに賭けることができる〔ハロン（*furlong*）は八分の一マイル。ハショーは long を short にした造語〕。このイベントは、インディアナ州ゴキブリ競走会より認可を受けており、したがって「賭けは、協会の後援のもとに許可されている」と彼は主張する。

プロヴォンシャの血統付きレーサーは、スタート合図のピストルが鳴るまで暗い場所に閉じ込められている。そして、一斉に日中の明るい光の中へ放され、動かなければ突つかれる。時には、ゴキブリが一斉に同じ方向へ走ることもある。

さんざん突つかれながらゴキブリは最終コーナーに入り、ゴールに向かって突進する。ゴールでの写真判定が必要となることもしばしばで、クロゴキブリ属 *Periplaneta* の一匹が唇の髭差でトロフィーを勝ち取ることもある。

全米速歩競走に続いて、舞台はトラクター牽引のエキシビションが行なわれる、九〇センチ直線コースへと移る。この競技では、三匹のマダガスカルゴキブリが、緑と黄色のジョンディア社製大型トラクターの小型模型を引く。牽引する荷が最初にゴールラインを通過した者——距離にして九〇センチ——が勝者となる。

トラクター牽引競技もレースも、パーデューの昆虫学者たちが〈ローチの丘（Roachill Downs）〉と称する物の中で行われる。これには、プロヴォンシャがデザインして組み立てた変わった背景が設けられている。特別観覧席の中は、サングラスや野球帽を身につけたゴキブリの死骸で一杯で、それぞれ小旗を振ったり、ソーダ水を飲んだり、装身具担当者が「脂取り棒」と呼ぶ物を食べたりしている。その他にも乾燥した標本が芝生席でポーズを取ったり、マリファナを吸ったり、簡易トイレの順番を待って長い列を作ったりしている。

ロボゴキブリは大丈夫？

解剖学者や生理学者によってすみずみまで研究されたゴキブリは、工学実験の理想的なモデルである。マサチューセッツ工科大学、ケースウェスタンリザーブ大学、イリノイ大学アーバナ＝シャンペーン校の学生や教授らが、ロボットゴキブリの開発に並々ならぬ情熱を傾けてきた。

そんなロボットの一つ、〈バイオボット〉と名づけられた、長さ約五六センチ、高さ約二〇センチのアルミニウム製の動物は、イリノイ大学の神経生物学者フレッド・デルコミンによって発明された。彼は研究室でゴキブリの運動を研究し続けて二〇年になる。全米科学財団から与えられた、当初四〇万ドルの資金で設立された〈バイオボット〉プロジェクトは、機敏で適応性のある、つまり、危険だったり近づきにくい地形をも難なくきり抜けることができるロボットの、新しい世代を築き上げるだろう。言うまでもなく、こういった能力は宇宙探査や戦争においても利用されるだろう。しかし、デルコミンによれば、ロボットゴキブリは家の中でも何かと重宝するようだ。彼が言うには「現在利用されているロボットの大半が、それに合わせて環境を変えてやる——たとえば、きれいに片づけたり、床の上から物を全部どけたり、絶対に誰も動かないようにしたりする——必要がある。しかし、我々のロボットは、たとえば『ごみを拾え』、『ゴキブリを捕まえろ』と指示を出せば、行く手にあるどんな障害物もよけながら任務を遂行することができるだろう」。

ぶんぶんぶん、ゴキブリが飛ぶ

ゴキブリには、かなりの距離を飛び相当な高さにまで達することのできる、比較的、飛翔能力に長けた種がいる。標識をつけた熱帯種の標本が、放された地点から一〇〇メートル以上離れた高い木の上で回収された。アリゾナやフロリダなど南の州では、夜になると、特に気温が三〇度を越えるような日には、ゴキブリが飛んで、街灯など屋外照明の光に集まって飛んでいるのが見られる。

彼らは飛翔能力に長けているとはいえ、特に優れたナビゲーターというわけではない。進行方向にある人間などの障害物に衝突することがよくある。ハワイでは、暖かくて風の凪いだ夜には雄のワモンゴキブリやコワモンゴキブリがよく空を飛び、そういった衝突は日常茶飯事である。

マノアのハワイ大学に勤める昆虫学者のリン・ラベックは、「ここの住人は、ゴキブリはわざと急降下爆撃してくるに違いないと思っている」と書いている。ハワイ人はゴキブリが飛行に失敗したのを、いわれのない攻撃行動と勘違いして、この生き物に「B52ゴキブリ」というあだ名をつけた。

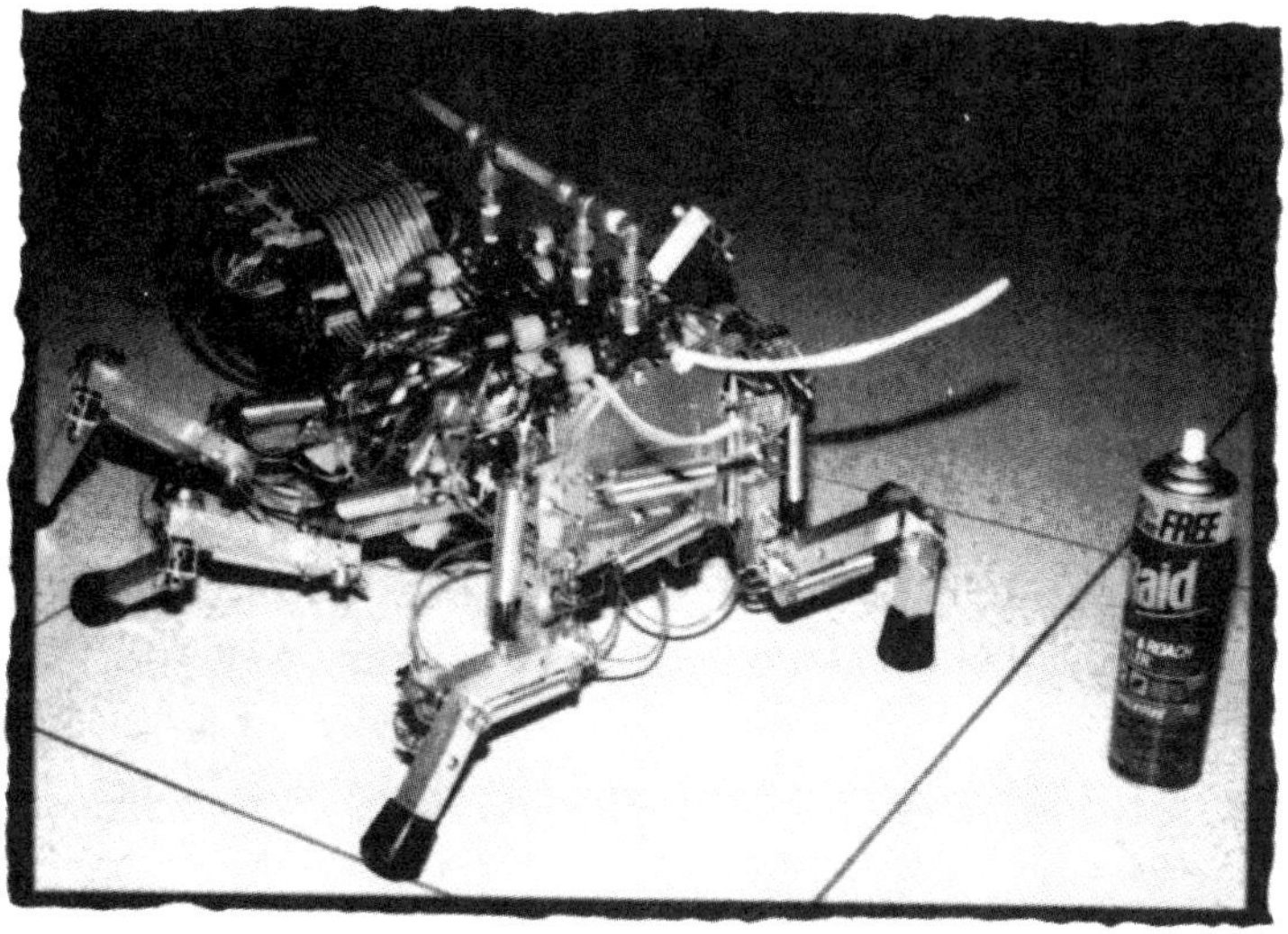

フロリダで恐れられた飛翔ゴキブリ

相応の注目度以上に人の注目を集めてしまった飛翔種、オキナワチャバネゴキブリ *Blattella asahinai* は、体長一二〜一五ミリで、中国、インド南部、東南アジアの原産である。この薄茶色のゴキブリは、アメリカではすでに一九八四年冬、フロリダのキャスリーンで街灯や投光照明灯にすでに群飛しているところを初めて発見された。この飛翔種は民家に入ってくると必ず、テレビの画面など明るく照らされた物に向かって真直ぐ飛んでいった。より明るい場所に引き寄せられ、住人が部屋から部屋へと電気をつけて移動する後についていくようだった。

オキナワチャバネゴキブリに飛翔能力があることと、光に引き寄せられる習性があることから、害虫駆除業者は当初の予測——彼らは、チャバネゴキブリの新しい系統として対処するつもりでいた——を改めなくてはならなかった。そこで、この種が間違いなく北アメリカへの新来種であることを確認するために、国際的なゴキブリ専門家の一団に依頼した。結局、フロリダの人々は、すでに地元ではお馴染みの種類が並ぶリストに、もう一種類追加することになった。

オキナワチャバネゴキブリは、いとこにあたるチャバネゴキブリに似て薄茶色で、前胸背板に黒っぽい縦縞がある。翅は少し長めで、雌の突き出た卵鞘を上から隠すために腹端より長い。卵鞘はチャバネゴキブリの物より小さめだが、中に入っている卵の数は同じである。しかし、そのような差違はかなり微妙で、分類学の専門家でさえこの二種類を区別するのは難しい。絶対的な正確さは、ゴキブリの表皮の蠟成分を分離させることができる高性能な実験装置、ガスクロマトグラフを用いてのみ保証される。

科学者は、オキナワチャバネゴキブリは、タンパ港を経由してキャスリーンという新しい生息地にたどり着いたのではないか、つまり、極東からコンテナ輸送されてきた船荷の中に入り込んでいたのではないかと考えている。当初、キャスリーン周辺の地域に限定されると考えられていたが、最初に一〇〇キロほど内陸に入ったレイクランドに、さらに海岸から一三〇キロほど離れたオカラにまで、その生息範囲を広げているのが発見された。二年後には、その範囲が一五〇〇平方キロに広がった。それ以来、オキナワチャバネゴキブリは、少なくとも三〇郡に広がっている。この多産のゴキブリは——時には生息密度が、一エーカー〔四〇〇〇平方メートル〕あたり一〇万匹になることもある——フロリダ州セントラルリッジ地域に広がる柑橘類の果樹園を次々と荒らしてきた。オレンジやグレープフルーツの木の葉や枝をかじってしまい、この地域の果実栽培者の生計を脅かしている。

それ以上にフロリダの人々を脅かしているのは、すでに州のほとんどの地域に定着していて殺虫剤に抵抗力のあるチャバネゴキブリと、アジアの飛翔種が交尾できるという可能性である。二種の交配は無敵の雑種を作り出し、地域の食料源をあっという間に食いつくすだろう。臨床検査では、オキナワチャバネゴキブリとチャバネゴキブリは、彼らがそれを望めば交配できるという結果が出ている。しかし、二種の習性は明らかに異なるので、実験室の飼育漕で強制的につき合わされることがない限り、二種がつがうことはありえないだろう。

水浴するゴキブリ

水分に頼るところが大きいとはいえ、水に飛び込んで完全に水生生物になってしまったゴキブリはほとんどいない。泳ぐゴキブリとして確認されているのはごく少数で、すべてエピランプリニデ亜科 *Epilamprinidae* に属している。

厳密に言えば、これらのゴキブリは水陸両生で、小川や池の中で暮らす時間と外で暮らす時間は半々である。この二つの様式で生活することによって、水生種は両方の世界から最高の餌を得ることができ、藻や腐りかかった魚の死体など、おいしいごちそうにありつける。水生ゴキブリが、アナナ

> 「この気持ちの悪い食欲旺盛な昆虫は、夕方になると飛んできて大量に略奪をする。……時折、人の顔や胸に飛び込んできて、鋭い棘で武装したその脚でチクリと刺し、突然たとえようのない恐怖感を与える」――著者不詳、『昆虫の博物誌』*Natural History of Insects* 第二巻（一八三〇年）

スの貯蔵器——熱帯植物に見られる水が溜まった杯状の器官で、オタマジャクシや成体の蛙などもっと大きな生物でも入ることができる——から採集されたこともある。

一九四四年の一月、昆虫学者のH・H・クロウェルは、パナマのある沼で、蚊の幼生を網ですくっていたところ、最初はよくいる水生昆虫であると思われた、ある一匹の標本を捕獲した。しかしすぐに、捕らえた昆虫がゴキブリの幼虫であることに気づいた。この貴重な標本を家に持って帰り、十分な大きさのガラス製の蓄電池槽を水槽にしてホテイアオイなどの浮き草を飾りつけ、その中にゴキブリを放した。小さなダイバーはこの人工のエデンの園で、水草やパブラム〔幼児用シリアル食品〕を餌にして何週間も生き延び、成長した。

結局、クロウェルはペットに飽きて、ワシントンにある国立自然史博物館にゴキブリを送ってしまった。しばらくして、それはメキシコ南部、ブラジル、西インド諸島のいくつかの島によくいる腹が黒いゴキブリ、*Epilampra abdomennigrum* の標本であることがわかった。

クロウェルは「昆虫学新報」(*Entomological News*) 誌でこう語った。「水槽の中に入れたゴキブリを観察していた時、ゴキブリの上に手をかざして影を横切らせたり、鉛筆の先で軽く触れたりして、わざと何度も水中に潜らせた。ゴキブリが水中でじっとしている時、大きな空気の泡が前胸背板の盾状部の下に引っかかっているのを見た」。潜水は通常一、二分続き、その間、ゴキブリは水槽の中を活発に泳ぎまわった。そして水面近くで、水草からぶら下がった根につかまって一五分ほど休憩をした。水辺に危険がないことを確認すると、水から上がって浮き草の上によじのぼったりした。

クロウェルが飼っていた泳ぐゴキブリの前胸背板の下に、気泡が引っかかっていたのはなぜか。博物学者のロバート・シェルフォードは、マレーシアのボルネオ島で捕獲した水生ゴキブリを詳しく観察し、この疑問を解決した。彼は、ゴキブリは普通なら重いキチン質の外骨格のせいで、石のように沈んでしまうはずであると考えた。しかし、気管を自転車のチューブのように空気で満たすことによって、ゴキブリは水面に浮きあがることができる。

楽に泳いだり潜ったりするには、浮力の平衡を保たなくてはならない。水生ゴキブリにとってこれは、すばやく浅く呼吸をすることを意味する。シェルフォードは、『ボルネオの博物学者』(*A Naturalist in Borneo*)の中でこう書いている。「間近で観察すると、腹部がゆっくりと規則正しく上下し、水中にある胸部の気門から一定の間隔で気泡が大きくなっては離れ、またそこに新しい気泡ができるという具合に、空気の泡が出てくるのがわかるだろう」。

くつろぐゴキブリ

ゴキブリは、歩いたり、走ったり、飛んだり、泳いだりするよりも、休息にかなりの時間をかける。チャバネゴキブリの場合、この行動(行動しない状態)は、一日の約四分の三を占めるといってよい。徘徊したり、餌を食べたり、求愛や交尾をしたり、争ったりするなどの行動はすべて、日が暮れてからの二、三時間と夜明け前の一、二時間に集中している。

研究室ではワモンゴキブリが、一度に二、三秒以上の動きをすることはめったにない。これはスタミナがないからではない。なぜなら、この種の健康な標本が、実験用の踏み輪のような物で休むことなく四時間走り続けたことがある。

ゴキブリが居眠りをするとしたらどんな恰好か。一般的には腹部と卵鞘を地面につけてうずくまる。触角は前方に向けられ、やや上向き加減で間は約六〇度に開かれる。休息中のゴキブリは、頭部を下にあるいは上に――どちらも彼らにとって違いはない――向けると落ち着くらしい。

ゴキブリは居心地のよい安全な場所ではすっかりくつろいでいるので、休息の時間帯には、隙間や割れ目から並んで突き出している触角を見ることも珍しくない。ワモンゴキブリ研究の権威であるウィリアム・S・ベルによれば、ワモンゴキブリには他種のゴキブリが占領している休息場所にむりやり入って満足する個体がいる。普通は異種どうしで集合することを嫌がり、そういった場所を避けるものだ。どうなっているのだろう。

きれい好きなゴキブリ

ゴキブリは、休息時間中のほとんどを身づくろいに費やす。リーランド・O・ハワードは、『昆虫の本』(*The Insect Book*)の中で誇らしげに述べた。「我が国原産のゴキブリは、そのほとんどが野外生息種であり非常にきれい好きである。実は、家の中にいるゴキブリを観察してみると、猫が前足をなめてきれいにするように、脚や触角をなめて絶えず身ぎれいにしようと努めていることがわかる」。

最近発行されたカリフォルニア科学アカデミーの月刊誌「パシフィック・ディスカバリー」(*Pacific Discovery*)の中で、ベティー・フェイバーも同じ意見を述べている。「ゴキブリは、しじゅう身づくろいをしている。ゴキブリは不潔だと思われるかもしれないが、ゴキブリは、人間こそ不潔だと思っています」。ラトガーズ大学で学んだ昆虫学者のフェイバーは、現在リバティー科学センターに勤務し、ニュージャージー州はジャージーシティーの「ゴキブリレディー」という高名も悪名もほしいままにしている。

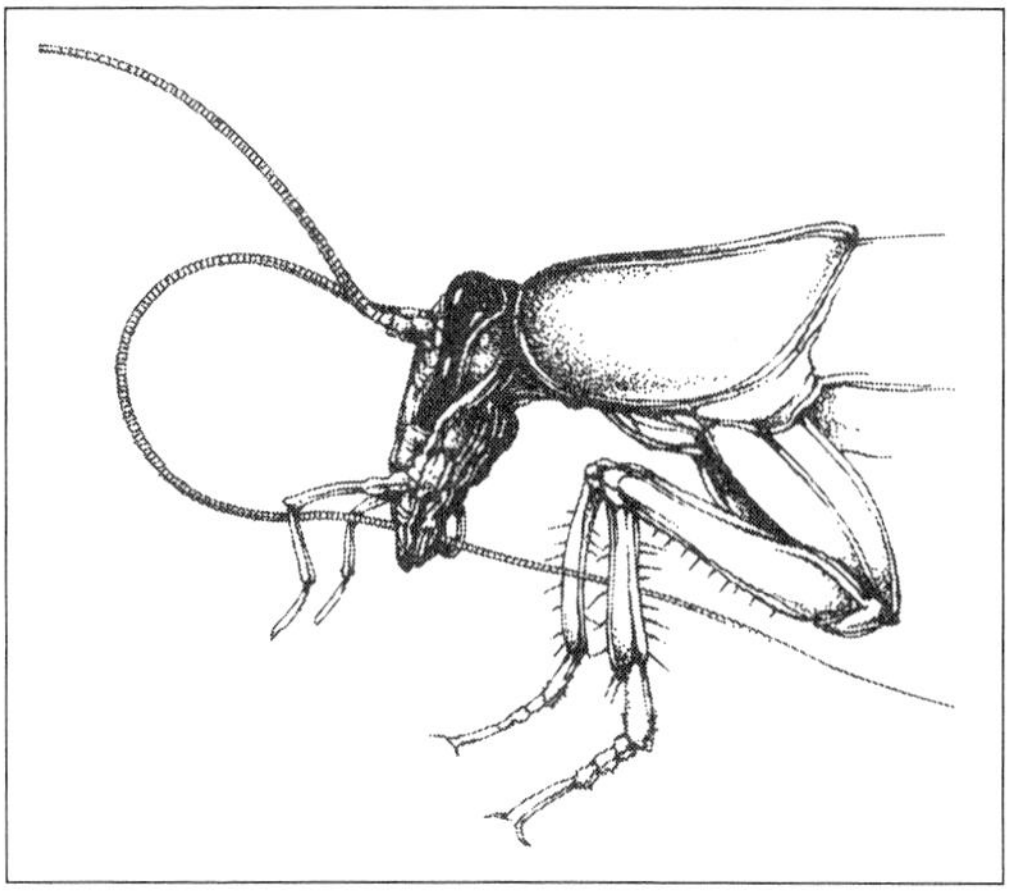

ワモンゴキブリは身づくろいに時間をかける。

フェイバーは有名になる前、ニューヨークのアメリカ自然史博物館の研究員として五年間を過ごした。ここで彼女は、数か月かけてワモンゴキブリの行動を観察した。被験動物は実験の都合上、博物館の一番上にある温室に入れられた。夜になると赤外線応用の「暗視スコープ」を使ってこっそり観察しながら、二〇〇〇匹を超すゴキブリの生態について膨大な記録をとった。フェイバーは、実際にゴキブリが行き来する足音が聞こえるほど、ゴキブリのリズムに同調できたと語る。

　ほとんどすべてのゴキブリが、触角には細心の注意を払って手入れをする。それが、感覚器官である触角を、匂いや振動を感知するのに最高の状態に保つ唯一の方法である。ちょうど糸楊枝のように触角を口に通して引っぱることによって、内側の顎にびっしり生えた剛毛が触角の受容器をこすり洗いする。たいていのゴキブリは、おそらく同じ理由から、脚の棘状の突起や感覚毛もきれいにする。多くの殺虫薬、特に粉末状の薬は、このような頻繁にきれいにされる表面に付着するよう設計されている。そういう訳でゴキブリは偶然に毒をなめてしまい、たいていの例にもれず、不潔を好むものが生き残るのだろう。

接触を好む

アリマキやカイガラムシが、植物の汁液を吸いながら本能的に密集するように、ゴキブリにも何かに接触せずにはいられない習性がある。しかし、この無脊椎動物は仲間どうしの体の接触ではなく、むしろ床や壁や天井の感触を求める。この習性は専門用語で接触走性——圧迫を好む習性——という。同時に四方八方から接触されること（生物学者ウィリアム・ビーブによれば「接触走性の最大の喜び」）への強い生理的要求は、ゴキブリの生活のあらゆる面に影響を及ぼしている。小さなスペースに入り込むには最適な、偏平で油ののった外骨格も、ゴキブリの接触走性の習性に応じて進化してきた。

ゴキブリは熱心に、理想的なねぐら、より形式的な言葉では待避所を探す。野外では、はがれた樹皮の陰や裂け目、鍾乳洞の湿った割れ目、熱帯林の林床を覆うように堆積した落ち葉の暖かく湿った層などが適当な待避所となる。屋内生息種はその接触走性に従って、収納家具の中、浴室のタイルの隙間、ストーブや冷蔵庫や給湯機の後ろ、壁下の幅木、窓や扉の枠、装飾用の飾りなどの隙間へと導かれる。

フィル・コーラー、チャールズ・ストロング、リチャード・パターソンによって行なわれた研究は、チャバネゴキブリが、それぞれ発達段階に応じて大きさの異なる隠れ場所を占有することを明らかにした。研究室で飼養された一七〇〇匹以上の成虫と幼虫を大型容器の中に入れて、八つの新しいプレキシガラス製の家を選ばせた。家はそれぞれ室内の広さ――研究員は「隠れ場所の幅」と呼ぶ――が異なっている。

隠れ場所の幅が最も狭い家は、床から天井までの空間が一・六ミリ程度で、だいたい五セント硬貨の厚さ〔十円玉相当〕に相当する。この家には、生後一～二週間の幼虫が喜んで入り込み、彼らの恰好のねぐらとなった。成虫の雄は、天井と床の間が約一三ミリと広く、退避所の幅が最も広い家に向かった。卵鞘を抱える雌の成虫は、約五ミリ――だいたい二五セント硬貨を三枚積み重ねた厚さ――と、かなりきつめの住居を選んだ。生後三～四週間の幼虫は、中間サイズの隠れ場所に入った。

都市に住む害虫ゴキブリは、数々の無料の食事を楽しんでいるかもしれないが、そんな彼らでも時に勘定書をつきつけられることがある。少なくともあるダニは、かなり長い学名――*Pimeliaphilus podapolipophagus*――を持つ、極めて小さな破壊者で、生きているゴキブリの体液を吸うことで知られている。このダニが、たった一匹のゴキブリの体から二五匹も見つかったことがある。この血やリンパ液を吸う寄生虫に早くから注目した、生物学者のフレドリック・カンリフはこう記した。「ダニに寄生されたゴキブリは、逃れる手段を求めるように非常に活発に走り回る。大量のダニに寄生されてから約一時間後、ゴキブリは仰向けに倒れる。五時間ほどのたうちまわって、やがて死ぬ」。ひどい死に方だ。

「五部屋のバンガローだろうと、大きなマカロニ工場だろうと、家屋をきちんと整理しておけば、ゴキブリの防除は半分以上成功を収めたようなものである」――アーノルド・マリス『害虫駆除の手引き』*Handbook of Pest Control* より。

住居の共有

実際の生活においては、成虫と様々な成長段階にある幼虫が同じ退避所を共有しないとは言えない。しかし、我々人間のやり方とは逆で、家で過ごす時間が最も短いのは一番若い幼虫である。おそらくは、成虫側の敵対行為（四二頁、「攻撃的傾向」の項参照）に対する反応と考えられるが、あるいは好んでそうしているのかもしれない。

幼虫は退避所の外で、肩と肩を寄せ合うようにして集まる。まだ解明されてはいないが何らかの理由で、そのような集合行動が幼虫の成長速度を速める。幼虫の成長は温度によって促進されるので、集団接触によっておそらく生じる代謝熱を利用しているのかもしれない。

昆虫学者のJ・フォンランドフスキは、研究室でワモンゴキブリの幼虫だけを隔離して飼養すると、より大きな成虫に育つことを発見した。彼は、これは「衝突要因」によるものだと考えた――すなわち、集団で飼養される幼虫が頻繁に衝突しあうと、食糧不足、酸素欠乏、糞の蓄積といったことよりも、成長の遅れをもたらすと考えた。

成虫は退避所を出て、どこか別のもっと大きな群れに入ることがよくある。また、「巣立ち」をした成虫の雄と雌が、交尾をするためにもとの待避所に帰り、そして、またどこかよその暮らしに戻っていくことがあるとも考えられている。そうすることによって、一匹の雌が、まだ占領されていない退避所に新しい命を増やすことができる——たった一匹でも、ゴキブリのいなかった場所に個体数爆発を起こすことができるのだ。

誘因性化学物質

フェロモンは、同じ場所に生息するゴキブリにとって非常に重要な役割を果たす。チャバネゴキブリなど、いくつかの種のゴキブリの糞に含まれる誘引物質などは、実際に幼虫も成虫も引き寄せる。このフェロモンを構成する揮発性の高い化合物は、ゴキブリの排泄器官を通して糞粒の周りに分泌される薄い膜によって抑制されている。強力な誘引物質（アトラクタント）（科学者はまだ名前がつけられていないので、好きな名前をつけられる）は、ゆっくりと一定量ずつ発散され、少なくとも一年はもつ。

また研究によって、ゴキブリの唾液に多量に含まれるある大きな分子が、集合フェロモンを無効にすることが立証された。実際に、これらの分子（分散フェロモンという）を大量に出して、過度に込み

> ベトナム戦争中、米国国防総省は、農民を装う共産ゲリラ兵の正体を見破るために、変わった方法を発明したと言われている。ベトコンゲリラ兵の集会所と思われる場所に、人工合成した雌ゴキブリのフェロモンが散布された。その後、南ベトナム警察が近隣の村の住人を集めて、雄ゴキブリの入ったケージの側を歩かせた。人工合成した雌の匂いがする村人に、雄は反応を示した。

合った避難所から他のゴキブリを出て行かせることができる。このフェロモンが環境に適応する上で、どんな利点を持っているのかということもはっきりしていないが、ゴキブリはこの化学物質を、急激に増える個体数が餌や水を消費しつくしてしまう危険がある場合にのみ、非常手段として使用するのだろうと考えられている。また、捕食者の危険が迫っていることを警告するために、分散フェロモンを出すという説もある。しかし後の説は、実際に観察を行なった結果、その可能性は薄いと考えられている。匂いのする唾液に接触したゴキブリは、たった今敵だと警告されたばかりの相手について期待されるようにささっと逃げるのではなく、ゆっくりと後退したのだ。

一撃で退治

〈ゴキブリハウス〉などの防除装置は、犠牲となるゴキブリの接触走性の本能を利用するものが多い。その中でもかなり手の込んだものが、マイクロ波駆除装置〈ザッパー〉である。これは、グレッグ・ジェフリーズが発明した電子装置で、オーストラリアの一九九一年度発明家大賞に選ばれた。成形されたグレーのプラスチックと光沢のあるステンレススチールでできた流線形の装置は、一九五〇年代のスリラー映画『地球の静止する日』(*The Day the Earth Stood Still*) の空飛ぶ円盤を思わせる〔一七二頁の写真〕。自称「ゴキブリ殺し(コックローチ・ダンディー)」のジェフリーズは、マイクロ波駆除装置は七年間にわたる長い研究のたまものであると語る。実験室での試行テストでは、テスト用のゴキブリの五五パーセントを捕えた。また別のテストでは、六日間で個体数を九〇パーセントまで減らした。

小さく丸めた特製の餌の匂いに引き寄せられたゴキブリたちは、思い描いたごちそうを求めて狭い部屋に入り込む。そのうち、ゴキブリが帯電した金属製のプレートを踏む。ゴキブリの中の一匹が、腹部や翅や前胸背板で小部屋の天井をかすめると、六〇〇〇ボルト電流が流れて致命的なショックを与える。「バーン。黒こげゴキブリのできあがり」とは、装置の販売を促進する新聞発表の席上で、ジェフリーズが述べた言葉である。

ゴキブリを焼き殺すという方法は、雌が抱えている卵鞘をも殺すという点で、殺虫薬よりも効果的であるとジェフリーズは主張する。しかし、一撃を受けた卵鞘から問題なく卵が孵化することを証明して、この主張に異議を唱える者もいる。

退避所の恐怖

一九八三年の秋、ある中年女性が、ニュー・オリンズにあるチャリティー・ホスピタル病院の救急外来にやって来て、耳がおかしいと訴えた。人が呼ばれ、実習医のケヴィン・オトゥールが耳の穴を覗き込んだ。問題の所在はすぐに見つかった。ワモンゴキブリが暖かくていごこちのいい隙間に隠れていたのである。

最初オトゥールは、この発見をたいしたこととは思わなかった。「私はチャリティー・ホスピタルでトラウマを治療する訓練を受けていますが、そこではその手の問題はほとんど毎日あります。とくに経済的社会的に低い階層にある人々はそうです」と、「オムニ・マガジン」誌に対して話している。

反対側の耳の穴にももう一匹ワモンゴキブリがいるということを見つけてはじめて、オトゥールはこの事態の意味を察した。後にオトゥールは、共同研究者のP・M・パリスやR・D・スチュワートとともに、「ニューイングランド・ジャーナル・オヴ・メディシン」誌に、「すぐに運命が治療法を比較する見事な機会を与えてくれたのだと思った」と報じている

救急治療室のスタッフは、一方の耳の穴にはパラフィン油をさし、もう一方の耳には麻酔薬のリドカインの二パーセント溶液を噴霧した。パラフィンをさされた方のゴキブリは、しばらくばたばたとむなしくあがいてからおとなしくなったが、それを取り除くには、医師の側に相当の器用さを必要とした」。もう一方は、リドカインを噴霧され、「発作的な速さで」耳を飛び出し、必死になって逃げようとして床を走りまわった。「足の速いインターンの医師がすばやく、有効性は歴史が証明している方法を用いた」。オトゥール、パリス、スチュワートが簡潔に「単純な圧殺法」によってこの虫を殺したのである。

7
美食

ゴキブリは何を食べるか、おわかりだろうか。「木の皮、生のソテツの髄、紙、ウールの衣服、砂糖、チーズ、パン、靴墨、油、レモン、インク、肉、魚、革」と、イギリス人の学者I・A・C・ミールとアルフレッド・デニーは、一八八六年に出版された著書『ゴキブリの構造と生活史』(*The Structure and Life History of the Cockraoch*)で述べている。この項目に、コウモリの糞、腐った木の切り株、クレープデシン〔絹の布地〕、そして自分たち自身の脱皮した皮といった奇妙な食品をいくつか加えても、まだゴキブリの完璧な献立表は、やっと始まったばかりである。

「ゴキブリはワインやシードルや黒ビールの、瓶のコルクも食べ、それが液漏れの原因となる」と、グレン・W・ヘリックの『家庭を害し人間を煩わせる昆虫』(*Insects Injurious to the Household and Annoying to Man*)に登場する、セルズとしか書かれていないあるイギリス人入植者が述べている。セルズは気分を台無しにするこの虫を「ジャマイカで最も煩わしい昆虫」と呼んだ。

「いつも詮索好きなチャバネゴキブリが一匹、私の仕事机に住みついていた。私が抽出しの端に葉巻を置くと、すぐにその小さい虫が隠れている場所から出てきて、湿り気を帯びた葉巻の端にせっせと取り組んだ」と書いたのは、一九一〇年にアメリカ農務省の昆虫学局長だったリーランド・O・ハワードである。ハワードのデスクメートは最初、両切り葉巻の湿った中身にだけ興味を示していた。

しかし最後には、ゴキブリは葉巻自体にのめり込むようになった。「葉巻は健康にこれといった影響を及ぼさないらしいと言っておくべきかもしれない」とハワードは断言したが、有害な葉巻に頼っている自分を弁護していたのは間違いない。

ゴキブリが食べないものはあるのだろうか。「胡瓜はゴキブリと非常に相性が悪い」と先のミールとデニーは言っている。「ゴキブリはひまし油が大嫌いだ。だからゴキブリ避けに、ひまし油でブーツや靴や他の革製品を磨くのだ」とセルズは説いている。トマト（植民地ジャマイカでは「ゴキブリリンゴ」と呼ばれている）の実と葉、その他の二、三の植物に含まれているある毒素が、ゴキブリを食物に寄せつけないようだ。アメリカとヨーロッパでは、この六脚のつまみ食いする虫を避けるために、料理人は今でも仕事場を胡瓜の皮のバリケードで守る。

ルイス・ロス博士によると、チャバネゴキブリは月の表面から採集した岩を砕いて粉にした試料を与えられた。こんなふうにNASAの科学者は、試料がいずれにしても毒なのか、地球上の生物に感染する可能性があるのかを決定しようとした。「毒や伝染性の病原体が存在する証拠は発見されなかったし、ゴキブリの消化器官に細胞学上の傷害も見られなかった」とロス博士は未発表の自伝に書いている。

コスタリカのクセストブラッタ属 *Xestoblatta* の雌は、卵巣の周期の時期が変わると、食物の好みと食べ方が変わる。産卵周期の初期では、雌は低窒素で高脂質の餌をとり続け、もっぱら、その地方固有のインガー豆 *Inga coruscans* の木のむけた皮を食べる。産卵直前はもっと高蛋白の餌をとるようになり、次に炭水化物を食べまくるようになる。多くの種類では、雄が特殊な腹部分泌腺から分泌した尿酸塩を雌に与えることで、雌は交尾の後に必要な特別の栄養をもらう（一三五頁参照）。

ジャンクフードにやみつき

ほとんどのゴキブリは、脂肪や蛋白質以上に澱粉質や糖が好きである——一九四五年に昆虫学者のフィル・ラウによって確認されたゴキブリの味覚の一般論である。ラウは様々な種類の餌を七つの罠につけて、ゴキブリが横行する部屋の床に、一五センチごとに一列に並べた。一一日以上たってからそれぞれの罠に掛かったゴキブリの数を数えることによって、彼はゴキブリの食物の好みについての明瞭なイメージを得た。

シナモンシュガーのついたパンの罠が、かかったゴキブリがいちばん多かった——成虫六五四匹である。そのうちの最初の二九匹は、実験の三日目の夜に罠に掛かった。何もつけていないパンも魅力的で、一一日目の夜までに雄雌合わせて四四匹の成虫がかかった。ベーコンをつけた罠は全く無視され、ゆで卵の罠は一匹しか来なかった。「同じくほとんど人気がなかったのはセロリの罠で、二匹の幼虫しかかからなかった。幼虫は八日目の夜にやって来た」とラウは書いている。明らかにゴキブリと人間の子供の食物の好みとはそれほど違ってはいない。

ゴキブリが自分たち自身のにおいによって罠に引きつけられている可能性を除外するために、ラウは生きたゴキブリを一匹ずつ添けた罠をもう二つしかけた。ゴキブリは一匹もこの罠にかからず、ゴキブリのにおい（九八頁参照）は、ゴキブリの食欲さえそそらないと信じるラウの考えが正しいことがわかった。

本を食べるゴキブリ

本屋や司書は、ゴキブリが植物繊維と旧式の本の製本で使われている動物性接着剤を好んで食べることを知っている。稀覯本書店のゴキブリは、金箔とそれを貼りつける接着剤も大好物である——このため本の金で書かれた題名は、一度に何文字かが欠けてしまう。すべての本、特に分厚くて古い書物は、湿った空気から水分を吸収し蓄えることがあり、日照り続きの間、室内のゴキブリのための砂漠のオアシスとなっている。

一八八八年、アメリカ財務省の長官代理ヒュー・S・トンプソンは、「長官のファイルは昆虫や害虫の深刻な被害にあっている」と書いている。「これらのファイルが参照されるまでしっかり保存することは、財務省の職員にとっては非常に重大だ」と、財務省の局長E・B・ユーマンズは書いている。彼は職員として「すべてのファイルに責任があるものと考えられている（食べられようとそうでなかろうと）」と説明している。「必要とされるどんな記録でも作ること」が彼の仕事だった。彼は見るからに力みかえって、「法律はこの事に関して虫の及ぼす影響を理解していない」と主張した。

ある検査で、少なくとも二種類のゴキブリが被害を及ぼしていることがわかった。一階ではワモンゴキブリが這い回り、健康なチャバネゴキブリの群れは階上の数部屋を占領していた。ワモンゴキブリは、地階の一角にきちんと積んであった『行政各部局における業務方法についての上院報告』の布

敏捷なシミは本を食い荒らし
見えないところに隠れている
うろつき回る鼠も光を嫌う
しかしよくよく知るがよい
本好きは知っている、
いやなゴキブリが一番の敵である
――ジャレッド・ビーン『一七七四年用の暦』

装の冊子のほとんど半分の表紙と背をかじっていた。この問題を研究するために呼ばれたC・V・ライリーは「これらの本の近くの棚で発見された糞は、間違いなくワモンゴキブリのものであり、食べられた箇所には、似たような排泄物の斑点があった」と書いている。

財務省の階上に住みついているチャバネゴキブリは、もっと小さい数種類のゴキブリとともに、たくさんの小さな紙装丁の報告書の背を食べていたが、明らかに糊が目当てだった。「したがって、今後の救済策として、政府の出版物の装丁には毒入りの糊を使うことが得策だろう」とライリーは締めくくっている。

美術品の味

C・V・ライリーの前任者であるタウンゼンド・グローバーは、ゴキブリは文学と同様に芸術も楽しんでいることを発見した。一八七五年に彼は、「ゴキブリは水彩絵具の箱を襲撃し、そこで朱色や濃青色、こげ茶色の絵具の塊をむさぼり食った。残ったのは、箱の底の様々な色をした小さい粒状の糞だけだった」と書いている。

ゴキブリは芸術品やすばらしい書物を奪い、今度は建築物に目を向けるだろう。壁紙の糊は昔から好物だし、紙からできている断熱材の繊維や、古い家の壁に使われている木製の下地材に塗られた漆喰も好物だ。

まつ毛を食べるゴキブリの侵入

「私たちが滞在していた家［ブラジルのパラグアイ川の上流］には、一二人近くも子供がいて、どの子供も多かれ少なかれまつ毛をゴキブリに食べられていた」と、ハーバート・H・スミスは一九〇二年に公表されたリーランド・ハワード宛の手紙で書いている。「まつ毛はふぞろいに齧られており、中にはまぶたのすぐ近くまで齧られている子供もいた。たいていのブラジル人と同じく、子供たちのまつ毛はとても長くて黒く、齧られたその様はじつに奇妙だった」。

スミスによると、まつ毛を食べられるのはたいてい小さな子供たちであることがわかった。彼らは

> 「私は顔をくすぐられた気がして目を覚ました。目を開けると、ゴキブリの伸びた口部が私の鼻の穴から湿った栄養分を吸収している間、ゴキブリの二本の触覚が感触を求めてそっと動いていた」——昆虫学者フィル・ラウ

「眠りが深く、仕事中の虫のじゃまをしない」。スミスと彼の妻は、夜には決まって、顔の上からゴキブリを払い落としたが、「それについてそれ以上何とも思わなかった」。これは一七四〇年代のウィリアム・ケイツビーの観察を裏づけている。「ゴキブリは夜襲って来てベッドにいる人、特に油で汚れた子供の指を齧る」と、カロライナに入植したイギリス人が書いている。

昆中学者のフィル・ラウは、ある夜まで、ゴキブリと眠っている子供の話を「信じられない」と思っていたことを告白した。「私は顔をくすぐられた気がして目を覚ました。目を開けると、ゴキブリの伸びた口部が私の鼻の穴から湿った栄養分を吸収している間、ゴキブリの二本の触覚が感触を求めてそっと動いていた」。ラウ自らが至近距離から観察した結果、まつ毛を食べると思われていた容疑者は、実は涙管から出るミネラルと水分が目当てで、並んで生えているまつ毛に引き寄せられているのではないことが明らかになった。

昆虫に対する食欲

ゴキブリは素晴らしいハンターでもあり、自分たちよりも小さい昆虫を追いかけてしとめる。一九一〇年にカルカッタのイギリス人特派員N・アナンデールは、激しい暴風雨の間に窓から入ってきたハネアリをワモンゴキブリが食堂から一掃した様子を書いている。ゴキブリは顎で蟻を捕まえて、取ったその場か別の部屋へ獲物を持って行って食べた。どちらの場合も、彼らは羽以外すべてを食べた。最近はゴキブリは蛾の卵や蚊、ブユ、ススメバチの幼虫、一〇センチほどのムカデを常食としていることが報告されている。

ゴキブリはトコジラミを捕まえて食べるという考えは、一七〇〇年代と一八〇〇年代の船員の間で起こったらしい。老練な船員はゴキブリが血を吸う小さな赤茶色のトコジラミから肌を守ってくれていると信じていた。船員は下船して出会った人みんなにこの考えを広めた。一九〇〇年代初頭のアフリカでは、村人が村のトコジラミを退治するために、ゴキブリを一、二匹持ってきてくれるよう船員に頼んだと言われた。

一九三〇年代、J・S・パーディーは、ゴキブリを一掃したばかりの家に再びゴキブリを持ち込むまでになった。その頃ゴキブリがトコジラミを食べるという見当違いの理論は、その頃定着していたが、再び取り消された。残念ながら、ゴキブリがトコジラミを食べるというこの信仰には、まったく根拠がなかった。科学的な調査の結果、ゴキブリはトコジラミにまったく興味がないことがわかった。C・G・ジョンソンとケネス・メランビーの二人の研究者は、一九三〇年代末に一連の実験を行ない、飢えたチャバネゴキブリの二匹の成虫と一〇匹の幼虫をよく太ったトコジラミといっしょにペトリ皿に入れた。驚くべきことに、トコジラミは一九日たっても無事であることが分かり、三七匹のうちの六匹だけがゴキブリに齧られた痕跡が認められた。

二回目の実験で、チャバネゴキブリの二匹の成虫と一〇匹の幼虫は、一二匹のトコジラミの成虫にまったく無関心だったので、調査チームはもう少しで退屈に負けそうだった。ジョンソンとメランビーは、「すべてのトコジラミは一週間後元気を回復し、実験は中止された」と、あくびをしながら言っている。

「彼らは近親の虫の血をなめることにまったく抵抗はない。一度血を味わったら止められず、生きたまま犠牲者をむさぼり食ってしまう」――カール・フォン・フリッシュ『十二の小さな仲間たち』*Ten Little Housemates*（一九六〇年）

ゴキブリの共食い

共食いはゴキブリでは普通に見られる行動だが、特に実験室で飼われているゴキブリにはよくあることだ。実験室の昆虫は、決まって混み合った状態の大きなコロニーの中で飼育されている。これらの人工的な昆虫社会のなかで、ワモンゴキブリの幼虫はストレスだらけの生活を送っており、親よりも共食いが多くなるようだ。捕獲されたチャバネゴキブリの狭い社会では、同じ状況が幼虫に違った影響を与える。彼らはずっと後になって――四回目の脱皮の後――自分たちの同族を食べはじめる。

共食いと言うと気分を害するものだが、ゴキブリは共食いすることで適応上有利になる。共食いによって、手に入る食料の量に合わせて個体数の密度を調整することができる。また、共食いは全個体数からわずかに生き残ったゴキブリに全ての食物を与え、ゴキブリにより速く成長したり繁殖する力を与え、後に個体数を元に戻すための機会を与えている。また、飼育室から弱くて病気を持ったゴキブリを取り除いて、種の活力を維持する助けになっているのかもしれない。実験室のコロニーでは、傷ついた幼虫が現れた時、そのような共食いの行動が刺激されるらしい――共食いは浄化作用の役割も果たし、個体数が多くなり過ぎることで起こる不衛生を取り除いているのかもしれない。

いくつかの種類では、明らかに雌が雄よりも共食いしやすい。ワモンゴキブリの密集したコロニーでは、他に食料が手に入る時でさえ、雌はいつも自分たちの卵鞘を荒す。これらの昆虫は卵鞘の骨格部分しか食べないことが多いが、開いた割れ目から水分が奪われ、卵がかえる前に中が乾燥してしまう。また雌は側面にもっと大きな穴を開け、中にまで達して卵鞘の中身を食べてしまうこともある。

J・T・グリフィスとO・E・トーバーによると、特に血に飢えたあるチャバネゴキブリの雌は、自分の卵から孵ったばかりの雄すべてを襲った。二人の研究者は、この攻撃的な雌が前途有望な雄六匹を襲っているところを見た後、「成長した雄は、共食いする雌の襲撃からもう少し身を守ることができた」と結んでいる——車のバンパーにステッカーでもつけて宣伝したいような話である。

絶食の研究

ゴキブリが食べる食品リストと同じくらい畏敬の念を起こさせるものは、彼らがまったく餌を取らずに生きていられる時間の長さである。ゴキブリがどれくらい物を食べずにいられるかを確かめるために、一一種のゴキブリから代表を選び、二週間ほどドッグフードと水をたっぷりと与えたあと、そ

「私たちのベッドにはゴキブリが群がっていた。ゴキブリは私たちの顔や手の上をはい回ったり、天井から落ちてきた。これらの不愉快な動物は、ここでもブラジルと同じくらいよく見られる。彼らは何でも噛り、柔らかいものはわずかの動きで粉々にされてしまう」——ルーベン・ゴールド・スウェイツ『初期の西部旅行——一七四五年〜一八四六年』*Early Western Travels : 1745–1846*（一九六六年）

のうちの三分の二に厳しく食餌制限を行なった。これらの実験群の半分は餌を与えられるが水は与えられない。もう半分は水は与えられるが餌は与えられない。残りのゴキブリ――この実験の対照群――は、水と餌のどちらも摂取できた。

その結果、実験されたほとんどすべての種類のゴキブリは、水だけで一か月あるいはそれ以上生き延びることができるとわかり、この結果は『飢えたゴキブリの長寿』(*The Longevity of Starved Cockroach*)という詩的なタイトルがつけられ、一九五七年に発表された。水だけを与えられたワモンゴキブリの雌の成虫は、まる四二日――自然の寿命のほぼ半分――生きることができた。水を与えられなかったゴキブリも、逆境にもかかわらず同じく注目すべき生命力を発揮した。最も小さい種類を除いたほとんどすべてが、全くの絶食状態で二、三週間生き延びることができたのだ。

このかなり冷酷な実験のデータから、ゴキブリは長旅の厳しさに簡単に適応することができることがわかる。たとえば、誤って木製の荷箱に閉じ込められて、食料が厳しく制限された状態(この場合は木枠を留めておく接着剤)でも、この生物は何週間も平気で過ごすことができ、世界中のほとんどどこへでも輸送される。この次のクリスマスには、このことをお忘れなく。

8 蜂、猫——危険がいっぱい

彼らを待ち受けている多くの危険を考えるなら、ゴキブリの幼虫が（成虫にしても同じこと）、母親からもう少し面倒を見てもらっても罰は当たらない。野生のゴキブリが大人になるまで生き延びるためには、長々とリストアップされた自然界の天敵の数々――魚類、爬虫類、両生類、鳥類、哺乳類、他の節足動物や、時には自分の同種さえも含まれる――から逃れなければならない。

ニューヨークの自然科学者のウィリアム・ビーブは、英領ギアナの四種の熱帯魚――アカエイ、淡水ナマズ、二種のカラシン科の熱帯魚――がゴキブリを捕食することを確認している。筆者がシカゴのペットショップで働いていたとき、テッポウウオがチャバネゴキブリに水を吐きかけて水槽の中に落とすのを見たことがある。フィル・ラウはテネシー川でブルーギル釣りの餌にトウヨウゴキブリが売られていたと書いている。

アノールトカゲ（新世界カメレオンとも呼ばれる）はオガサワラゴキブリの幼虫の柔らかな体を好んで食べるのだと、一九三〇年代にキューバでこういった捕食動物をペットにしていたP・J・ダーリントン・ジュニアが述べている。「野生においては、この昆虫がおそらく［このカメレオンの］主食なのだろう。ときどき、河原のごみ捨て場のそばで昆虫を採集していると、野生のアノールが川岸におりてきて、私が逃がしてやったゴキブリの幼虫を捕まえていた」と彼は書いている。F・J・シモンズはバミューダのアノールトカゲ四六匹の胃の中から三一匹のゴキブリを確認している。

ゴキブリは蛙（フロッグ）の胃の中にもよく見られるし、節足動物を食べる動物としては、蟇蛙（トード）はさらに有名だろう。この冷血動物のハンターは「何よりも嫌らしい庭中の憎き昆虫をも食べ尽くすもので、それと同じように、一晩で部屋中のゴキブリを片づけてしまう」ことができるということを、ある蟇蛙愛好家が一八八九年に書いている。

捕食という点では、野生の七面鳥も、餌といっしょにゴキブリをも飲み込んでしまうのに何の後ろめたさも感じていないということに触れておかねばならない。この鳥は目についた食べ物は何でも口に入れるのだ。『野生七面鳥大全』（*Complete Book of the Wild Turkey*）の著者によれば、一九三九年にヴァージニア州で屠殺された雌の七面鳥は、次のようなものを食べていた。草を一摑み、団栗（どんぐり）一二個、キンポウゲの種、サルトリイバラ、長いカラマツソウ、スミレ、スゲ、それから雑多な種の昆虫――ガガンボが五、六匹、カメムシの類が二、三匹、コメツキムシが二、三匹、ゾウリムシが何匹かと、「八匹かそれ以上のゴキブリ」。この本にはこんな言葉がある。「七面鳥が裁判官だったら、ゴキブリが正義を勝ち取ることはない」。

哺乳類による捕食

一八二九年に出版された「自然史雑誌」（*Magazine of Natural History*）に、野生において哺乳類の食用として捕獲されたゴキブリの、写実的な絵が載せられている。この絵には、P・ニール氏による、船でブラジルからスコットランドまでマーモセット・モンキーを輸送するときの苦労話が添えられている。

船に積み込んだ果物が底をつくと、マーモセットが口にできるものは何もなくなるはずだった。しかし実際に果物が底をつくと、非常に納得のいく、マーモセットが何よりもおいしそうに食べるという代用物が見つかった。我々は偶然、マーモセットが船のデッキを走っていった大きなゴキブリを捕まえて、むさぼり食っているのに気づいたのだ。この時から航海が終わりに近づくまでの四、五週間、マーモセットはほとんどゴキブリのみを餌として与えられ、船内のゴキブリ駆除にたいへん効果的に貢献することになった。

ニールはこの猿が、一日の間に三、四回、捕獲した中で一番大きなゴキブリを楽々と飲み込み、それに加えて「かなりの数の小さなゴキブリ」も食べていたことを記している。「小さなゴキブリは、行儀などおかまいなく食べている」と、この注意深い生物学者は述べている。霊長類のこのテーブルマナーに明らかに感銘を受けて、彼は次のように続けている。

マーモセットは大きなゴキブリを捕まえると、前足でそれを支え、まず、必ず頭をかみ切る。そして内臓を引き出して傍らに捨てる。それから残りの体をむさぼり食い、ぱさぱさの翅鞘と剛毛に覆われた足は吐き出すのだ。

キツネザル、メガネザル、カコミスル、フクロネズミ、コウモリ、オセロット、アルマジロは全てゴキブリを餌にする。また、プエルトリコ、セントクロイ、東アフリカ、ハワイに生息するマングースの胃からも、次の種のゴキブリが発見された。*Epilampra wheeleri*、*Eurycotis improcera*、*Panchlora nivea*、*Pycnoscelus urinamensis*、*Ischnoptera rufa*、*Periplaneta americana*〔ワモンゴキブリ〕、*Periplaneta australasiae*〔コワモンゴキブリ〕。

敵となる節足動物

野生のゴキブリにとって何よりも恐ろしい敵は、自分たちと同じくらいの大きさか、あるいはもっと小さなものである。その中でも最悪なのがグンタイアリである。グンタイアリは一塊になって行軍し、途中にある獲物はその大きさにかかわらず、すべて食いつくすのである。一九一五年に出版された『驚異の昆虫生活』（*Marvels of Insect Life*）という同名の何冊かの本のうちの一冊に、トリニダート島のローレルヒルという地所の地主であるカーマイケル夫人の家の、無料ハウスクリーニング・サービスのことが書いてある。ある春の日、この有害な捕食動物の大群が彼女の家に入り込んできたとき、カーマイケル夫人は部屋から部屋へ、この昆虫について回り、衣類箪笥や貯蔵庫を開け放っていった。グンタイアリはそこにいたゴキブリを全て食べ尽くし、同時に家屋敷中のハツカネズミ、ドブネズミを駆除したのだった。

ある夜行性捕食動物のサソリは、砂漠に生息するある種のゴキブリの悩みの種である。この、毒腺を持つ小さな節足動物は、夕暮れ頃から活動しはじめ、カリフォルニア砂漠をうろつき、乾燥したサンジャシント山の麓で、砂漠にいる好物のゴキブリ、*Arenivaga investigata* を探すのである。お気に入りの狩り場に来ると、サソリはじっと動かなくなる。そして不動のまま感覚を鋭くしておくことで、砂の下のかすかな振動を感知することができる。

粒子の細かい砂漠の土の下を一・五センチ動くだけで、この砂漠ゴキブリは簡単にマークされる。サソリはすぐさま餌の捕獲作戦をとって、脚鬚をまっすぐ突き下ろし、不運な犠牲者をとらえて毒液を注入する。マーモセットと同じように、まず獲物の頭を食べる。

最悪なのは蜂

ある種の蜂がゴキブリに手をかけるときには、ゴキブリを気の毒に思わずにはいられない。こういった蜂の中でも、中央、東アフリカに生息する真紅と青緑色のジュエル・ワスプは、ワモンゴキブリやコワモンゴキブリを待ち伏せして側面から襲い、ゴキブリの前足に素早く一刺しするのである。このため、ゴキブリは逃げようとするあまり、ひっくり返って仰向けになる。

逃れることはできない。犠牲者との戦いのはてに、針に仕込んだ強力な毒でゴキブリを部分的に麻痺させて、蜂は戦いを制する。そしてもう一度、今度はゴキブリの、今や無防備となった頭に正確に一刺しをする。

麻痺したゴキブリはもはや、蜂がひとやすみして、三〇分近くもかけて几帳面に身繕いをするのを眺めていることしかできない。それから蜂はゴキブリの片方、あるいは両方の触角を切断し、切ったばかりの傷口からにじみ出る分泌液を吸い上げる。

次に、蜂はアンテナのようにつきだしたゴキブリの足を持って、近くの隠れ家まで引きずっていく。そこで、犠牲者の体内に白い卵を一つ産みつける。そしてまだ生きているゴキブリを、巣の代わりのチューブ型のくぼみに閉じこめる。二日で、この五ミリの大きさの卵は孵化する。蜂の幼虫は、ゴキブリを最後の一滴までおいしく食べる。つまり、体液を飲み干したあとに、動けない宿主の体の残りの部分を食いつくすのだ。

一九六〇年代半ば、ゼネラルモーターズ社は、ニューヨーク市のバスにはびこるゴキブリを感電死させるための構想をいくつもテストしていた。ある実験では、バスにあるくるぶしの高さの暖房ダクトのそばに、通電した細長い鉄片のついた鉄格子を設置した。一か月の実地試験の後の点検では、ゴキブリの死体はバス一台につき二、三匹しか見つからなかった。一九七八年一一月二〇日付の「ニューヨークタイムズ」には「一匹のゴキブリを殺すのに一〇〇〇ドルかかったのではないか」という、マンハッタン・ブロンクス公共事業局次長のジョン・J・コートニーの言葉が載っている。この「タイムズ」の記事にはまた、マンハッタン交通局のバスにはチャバネゴキブリが乗っていて、四五〇〇台の車両はすべて、一週間おきに殺虫剤の噴霧器でいぶさなくてはならないという記述もある。

日本の神戸市の生物学者は、一九九五年の同市の地震によって昆虫の体内に寄生して育つ蜂の重要な生息地が破壊されてしまい、ゴキブリの前例のない大発生のもとになってしまったのではないかと心配している。

この、ぞっとするような行程の一部始終——最初の一刺しから幼虫の食事となるまで——を、アムステルダムのアルティス動物園昆虫館で見ることができる。蜂は、この才能を生かして、単に展示としてゴキブリを食べているばかりでなく、この動物園の小型哺乳類の棟に放し飼いにされて、化学薬品を使わずにワモンゴキブリの猛襲を制圧するのにも使われている。同様の蜂の展示は、ロンドン動物園の呼び物にもなっている。

その他の多くの種の蜂は、ゴキブリの卵鞘が幼虫を育てるのに最適の器になると知っている。こういった寄生蜂と呼ばれる動物は、わざわざ特定の種のゴキブリの卵鞘を探す。ある種の蜂の一族は、もっぱらチャオビゴキブリの卵鞘を襲う。三個から一五個の卵が孵ると——チャオビゴキブリの幼虫が孵化する約一週間前である——蜂の幼虫は、卵鞘の本来の占有者を食い尽くす。ひょんなことでこの種の蜂がハワイに移入したとき、ある地区ではほとんど一〇〇パーセントのチャオビゴキブリの卵鞘が寄生された。

Evaniidae 科の寄生蜂は、できるだけチャオビゴキブリは避けて、それ以外の主要な種のゴキブリの卵鞘に一つだけ卵を生む。この幼虫は次から次へとゴキブリの卵を食い尽くすので、ゴキブリに悩まされていた人々の間で人気がでてきた。なんと、そういう蜂の一種である *Encrytidae* 科の小さな蜂の学名は *Blatticida pulchra* で、「美しきゴキブリキラー」という意味である。この有能な

Evaniidae のおかげで、家庭環境でゴキブリを駆除するために、この蜂がひっぱりだこになった。

室内の敵

世界中の家庭でおなじみのゴキブリには、さほど多くの天敵はいないだろう。そうは言っても天敵はいて、それはやはりゴキブリに死をもたらすものである。藁葺き屋根の家の中にゴキブリを捕食する大きな蜘蛛を飼っていた十九世紀のジャマイカの原住民のように、ゴキブリ駆除のために食虫動物を飼っておくことの価値を認識しなくてはならない。

蜘蛛は全て食虫動物であるが、ある特定の昆虫しか食べない蜘蛛として特化しているものはほとんどいない。蜘蛛は、我々の家の中で、湿気を好む害虫――ゴキブリ、トコジラミ、ヒメマルカツオブシムシ、ハサミムシ、イエバエ、そして時と場合によっては他の種の蜘蛛といった雑多なメニューを食するのである。E・B・ホワイトによる児童書の名作『シャーロットの蜘蛛の巣』(*Charlotte's Web*)に登場する八本脚のヒロインのセリフ、「私が虫を捕まえて食べなかったら、虫がどんどん増えていっぱいになって、何もかも食べつくしちゃって地球が壊れちゃうわ」というのもあながち間違いではないだろう。

> 「蜘蛛から身を守るためには、ゴキブリは素早く慎重に動くのがいちばんらしい。ゴキブリの発する臭いは蜘蛛には不快ではないのだ」――ウィリアム・スナイダー・ブリスト『蜘蛛の社会』*The Comity of Spiders*(一九三九年)

放浪スパイダー（この名前は、この蜘蛛が広がる様子を指している）は、ヨーロッパからアメリカに、ゴキブリを追いかけるようにして移入してきた。大西洋を越えると、この蜘蛛は鉄道に乗って、道沿いの渡り労働者の飯場に巣を吊していった。そして一九三〇年にはアメリカ中に定着した。

蜘蛛の巣は、移動住宅としての建築学的な優雅さを備えている。その芸術的センスを好むと好まざるとに関わらず、この構造物はゴキブリを捕獲する有力な罠として用いられる。地下室の人目につかないところにハンモックのように吊り下げ、外側の端は上方にカーブを描き、残りの部分は斜めに下がって、何もないところからチューブのような形の隠れ家へと続く漏斗のような形を形成している。この漏斗の表面は小さな仕掛け線があって、ゴキブリを惑わせて入り込ませるような作りになっている。好機が訪れると、蜘蛛は素早く反応する。全速力で漏斗の外へと走り出て、犠牲者にさっと足払いをかけて、それからゆっくりと食べるために、するすると登って隠れ場所に戻るのだ。

ムカデの追跡

ムカデは灰色がかった黄色の、三センチほどの生物である。昆虫とはまったく違うもので、唇脚類の仲間である。家の中で見られるムカデには一五組の脚があり、白と黒との縞が交互に取り巻いている。こういった縞模様の脚は、生まれたばかりの幼虫には七組しかないが、脱皮の度に数が増えていく。

イエムカデの一番最後尾の脚は、他よりも長くできている。この脚は特に、投げ縄のように使って昆虫や蜘蛛やその他の小さな獲物を捉えて捕まえるのに適している。ひとたび捕獲すると、獲物はムカデの「顎」――正確には前脚の変化したもの――の一嚙みで素早くとどめを刺される。このような鋭い脚は、昆虫に対する大変強力な毒が隠された腺につながっている。

ヨーロッパを起源としてメキシコに移入したイエムカデは、今やアメリカ全土に分布している。イエムカデは室内にも屋外にも生息しているが、湿気のある暗所を好むため、地下室や湿っぽい便所、浴室などによく見かけられる。他の種のムカデ同様、イエムカデは夜行性である。

この無脊椎動物の気質を試すために、メリーランド大学のある昆虫学者が、雌のチャバネゴキブリと、ちょうど孵化するところのその卵鞘を、イエムカデといっしょの容器の中に入れてみた。「孵化したゴキブリの幼虫が出てくるやいなや、ムカデはこのごちそうを最後の一匹に至るまで食べ尽くした」と彼は記述している。

> 彼女は考えた。ゴキブリには雇用が必要だと。
> 無駄にまたみだりに破壊しないようにするには。
> そこでこのならず者の一群を訓練して
> 人生に目的を持ち、よい行ないをするようにと
> よくしつけられた有為のボーイスカウトを作った。
> さらには、甲虫行進曲まで作って。
> ――T・S・エリオット*『年寄りのグンビー猫』*Old Gumbie Cat*、『キャット――ポッサムおじさんの猫とつきあう法』*Old Possum's Book of Practical Cat* より。

母ゴキブリはそのときには何もされなかったが、次の日の朝には仰向けになって死んでいた。ゴキブリの頭は切断されて、体液を吸い尽くされた体から離れたところに引きずり離されていた――昨夜の間、おそらく再び襲ってきた空腹に耐えかねたムカデがまた行動を起こしてもたらされた惨事の無言の証拠である。

これはただごとではないと思うだろう。ロスとウィリスは、『ゴキブリの群集』（*The Biotic Associations of Cockroach*）に、そう書いている。「我々の標本は、我々が広口瓶の中にいっしょに入れてやった小さなワモンゴキブリの幼虫を捕まえた。食事を終える前に、まだ最初の一匹目を食べながら同時にもう二匹の幼虫を捕まえていた」。今度この有能な節足動物をゴキブリだらけの家から追い払うときには、これは考慮に入れるに値する。

鼠による捕食

イエネズミは世界的に嫌われており、（ドブネズミと共に）嫌いな動物ランキングではゴキブリよりもわずかにポイントが低いだけだ。しかし、この種に属する個体の多くは、時に我々の見方を改善させる。この小さな哺乳類は、誰も見ていない夜、静かに、縄張りに入り込んできたゴキブリを捕獲して食べているのだ。

この齧歯類がいかにたやすくゴキブリを捕獲するかということを測定するために、哺乳類学者のマーク・ウアムズは、マサチューセッツ州のボストン大学とケンブリッジ大学の校舎のあちこちから、三一匹のイエネズミを生け捕ってきた。キリスト教徒をライオンの前に差し出して見殺しにするのを連想させるやり方だが、彼はチャバネゴキブリを一度に五匹ずつ、捕まえてきた野生の小さな野獣の囲いの中に放してやった。

「イエネズミは概してゴキブリから一センチのところまで近づき、両目を薄く開けて匂いをかぐ」と、ウアムズは「哺乳類学ジャーナル」(*Journal of Mammology*)のなかで述べている。鼠はそのような取り調べをしたあと、前足で一撃を加える。これでゴキブリは「だだっと、めちゃくちゃに」走り回る——この行動は、ネズミのもっと素早い、叩いたり突いたりという挑発によって引き出される。このようなネズミによるちょっかいが数分続いたあと、ゴキブリは逃げてしまうか捕まったままかのどちらかになる。獲物が動かなくなると頭を取り、翅鞘、脚、翅は少しずつ囓り取られて捨てられる。

ゴキブリを食べる猫

飼い猫の貢献も忘れてはならない。猫は餌とスポーツの両方としてゴキブリを捕まえるものとして知られている。この関係について正式に調査したものは、私は三つしか知らない。そしてそれらは全て、体内に寄生虫のいるゴキブリを無慈悲にも食べてしまった猫に関するものだった。しかしながら、洞察力のある何人かの猫の飼い主が、猫を飼うようになってから、ゴキブリ類の数がめっきり減ったという情報を自分から教えてくれた。猫は餌で遊びたがるので、その狩りの方法もたいへん手の込んだものになると教えてくれた飼い主もいる。捕まえたり逃がしたり叩いたりと獲物で半時間ばかりを楽しんではじめて、猫はやっととどめの一撃を加えるのだ。

「ゴキフリ」

食べられないためには食べられないものに見せかけることだ。この策略は、他のあまりおいしくない昆虫に似た姿に進化した数種のゴキブリに、有効に採用されている。フィリピンでは、*Prosoplecta* 属のゴキブリが、きれいな色だがひどい味の数種のテントウムシやハムシに扮している。これらの鮮やかな色のそっくりさんの後翅は丸めて折りこまれており、静止しているときの姿を短く丸っこい形に見せている。さらに甲虫として通用するように、これらのゴキブリは少し長めの触角を動かさないようにしなくてはならない。この外見は全体的に、かなりなるほどと思わせるものなので、この昆虫は昼間でも無事に生息地の島の中を歩き回ることができる。ある種などは、雄はあるハムシの擬態をしているのに、雌は違う種の擬態をしている。

同じくらいにびっくりするのは、ネオトロピカル・コックローチの仲間、*Schultesia lampyridiformis* による変装である。この名前は文字どおりに訳せば「ホタルのような形」で、それが全てを物語っている。この粋な奴の変装はたいへん見事で、コウライウグイスの巣の中で、鳥の餌にもならず、食物をあさることができるのだ。

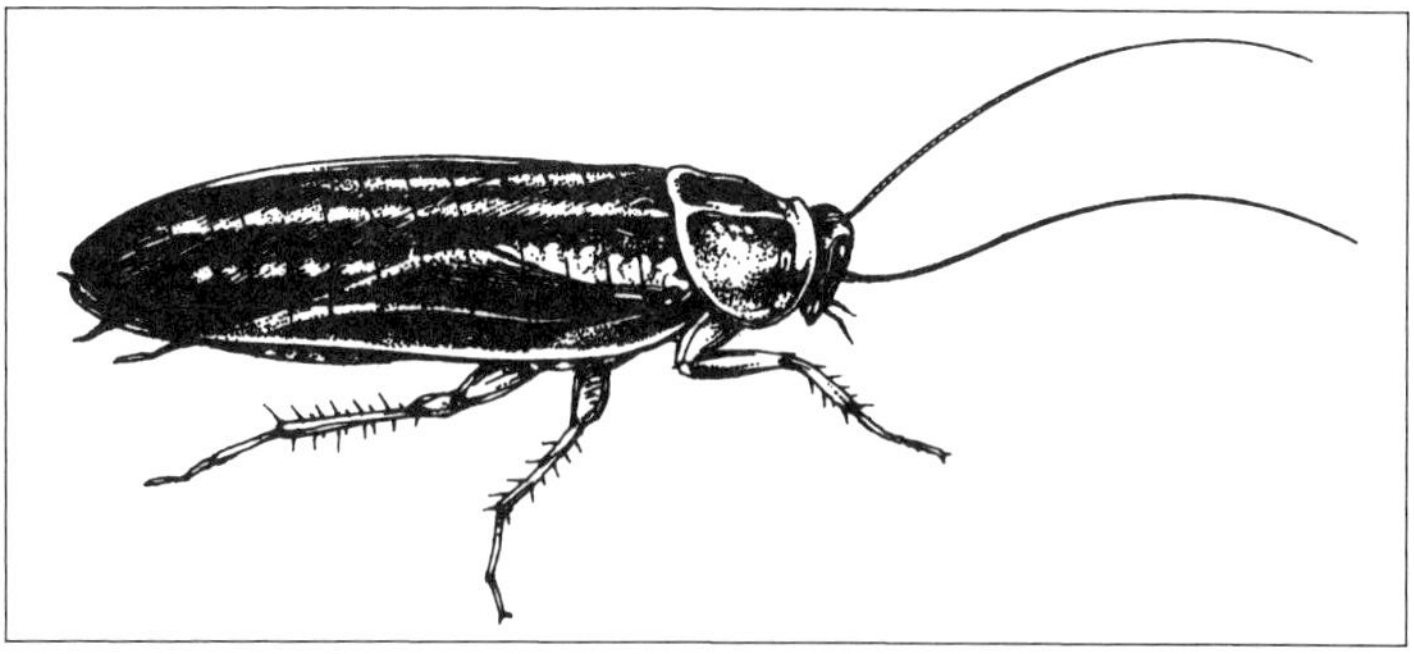

ネオトロピカル・コックローチの一種 *Schultesia lampyridiformis*

大きな音を立てたり、他の虫として通用したりするようなゴキブリだけが、捕食動物の毒牙から逃れられるとあっさり考えてはいけない。多くの昆虫の脚にある鋭い爪は効果的な防具であり、特に小さな食虫動物に対しては威力がある。もっと効果的な奥の手をもつゴキブリもいる。ユーリコティスゴキブリ *Eurycotis floridana* は、主としてフロリダの中部と南部および西インド諸島に限定された翅のない種で、枯れた木の切り株や丸太、石灰岩の割れ目や薪の山に住処を定めている。このゴキブリは、驚いたとき、防御物質として脂っこくてひどい臭いものを噴霧する。腹部の腺から発せられるこの霧は2－ヘクセナールというアルデヒド——人間の肌にちょっとした炎症を起こさせる複雑な化合物——を含んでいる。ところがわざわざ噴射しないときには、この昆虫は、紛れもなくマラスキーノ酒のサクランボの匂いがする。このいい匂いも、この動物の通称、悪臭ゴキブリという名前を変えるには至らなかったようである。

驚くほど足が早いために、その素早い退却を叩けるほどの動物はほとんどいない。もっと驚きなのは、危険を察知したときの、一秒にも満たない反応で、油断なく身構えたこの虫は、〇・五秒以内に脚を動かせる。ワモンゴキブリの研究者は、この動物が風の動きや触角への刺激に対して、その力の加わった方向から向きを変えたりちょっと逃げたりして捕食者かもしれないものから逃れるという反応をすることを明らかにした。このような回避行動は、かつては単なる反射と考えられていた。

しかしながら、細かく観察をしてみると、ワモンゴキブリはこのような状況下で、逃げるという選択をする前に、実際にたくさんの情報（この風の動きは本当に敵のものなのだろうか、広い場所を走って横切るのは、そのまま留まっているよりも攻撃を受けやすいのではないだろうか）を処理しなければならないことが明らかになる。全ての選択肢について考えたうえではじめてゴキブリは動く――それはほとんどいつでも正しい選択であり、それはゴキブリをピシャッと叩いてやろうとしたことのある人ならば、誰でも証言できることだろう。

第三部

ヒトとゴキブリの出会い

9 人間の文化におけるゴキブリ

ゴキブリを描いた傑作

ゴキブリが写実的な静物画やオランダの風景画に登場することは、見事にない。二〇世紀初めのフランスの印象派画家やその後継者たちも、第一次大戦後のドイツの表現主義者たちも、ゴキブリに目を向けることはなかった。しかし、概していつもお金のない貧乏画家たちは、おそらく同居人だった家にいるゴキブリの影響を受けていただろう。完成した作品にはその姿はないが、ゴキブリたちはアルルのヴァン・ゴッホのくしゃくしゃのベッドの下にひそみ、マティスが好んで描いた籠盛りのリンゴや洋梨を飾ったりしたに違いない。

ゴキブリを描いた絵画の傑作とも言うべきものは、ドイツ生まれの博物学者で水彩画家のマリア・シビラ・メリアンの功績に帰する。一六九九年、五二歳のメリアンは、画材一式を持ち、幼い娘を連れ、当時、南米大陸の北東の海岸にあったオランダ植民地スリナムへ船で渡った。ここで彼女は動植物を研究し、一〇〇種近くの昆虫を発見するかたわら、すばらしい自然を観察した一連の絵画を描いた。一七〇五年、これらの作品はリトグラフで『スリナム昆虫変態誌』(後に『スリナムの昆虫の発生と変態に関する論文』と改題)という形で複製された。同書の第二版には、花を咲かせた野生のパイナップルの上をはい回り、その周囲を飛び回る、いろいろな成長段階のワモンゴキブリとチャバネゴキブリ

が描かれている。

植物・動物にインスピレーションを受けた絵画を描くのは、「神はアメリカにこんなにもすばらしい生き物をお造りになったということを、学者の方々に知ってもらうため」だと、メリアンは記している。見事にこの目的を達成したメリアンだったが、絵を世間に発表してから一二年後、貧困のうちに亡くなった。彼女の絵の原画は、ロシアのピョートル大帝によって買いとられた何枚かを除いては、現在まで大英博物館及びウィンザー城の王立図書館に所蔵されている。

現代ゴキブリアート

ゴキブリの姿形を作品に組み込んだ個性的な画家や彫刻家は、わずかながらいる。中でも目立って刺激的なのが、フィリピンのアーティスト、マヌエル・オカンポの作品である。オカンポは、スペインによる母国の支配やカトリック改宗などを象徴的に描いた、大きなゴキブリの絵を何点か描いている。

それほど政治色はないが、同じくらい辛辣なのが、ニューヨークの時計商で芸術家の、リチャード・ボスカリーノの立体作品である。一九七〇年、絵葉書のシリーズとして制作されたボスカリーノの小さな大作は、ワモンゴキブリに奇妙な衣装を着せてポーズをとらせ、それを非常に細かく想像上のセットの中に配置した写真である。

ボスカリーノの作品のなかでもっと有名なもののひとつに、ロードアイランド州プロビデンスの食堂の細かな模型がある。腹をすかせた大勢のゴキブリ客がいて、彼らに料理を出すのにゴキブリシェフと金髪のゴキブリウェイトレスが、てんてこまいしている。カウンターの後ろにちらりとその姿が見える若者ゴキブリが、この絵を締めている。別の絵葉書作品「バースデイ・パーティー」では、盛装して、パーティーハットをかぶったりした六匹のゴキブリが丸テーブルに座り、ケーキを食べたり、ラッパを吹いたり、紙飛行機を飛ばしたり、ジュースをこぼしたりしている。

ローチアート（とボスカリーノは呼んでいる）の作家でもう一人忘れてはならないのが、元はアイオワ州エイムスの警官で副業で彫刻を作っていた、ディック・ウェッブである。ウェッブの作品は、彼が処女作を完成させてから約七年後の一九八二年、にわかにマスコミの注目を集めた。処女作は、死んだゴキブリを射撃場のレプリカに配置した、射撃大会のおもしろトロフィーだった。しかし、生物供給会社から死んだゴキブリを購入していたボスカリーノと違い、ウェッブはあくまで、自ら――市の刑務所で――ゴキブリを手に入れた。

「刑務所へは害虫駆除［一〇日に一度ある］の直後に出かける。そうするといいのが三、四匹手に入る。小さいやつは捨ててしまう」と、彼は「デモイン・レジスター」紙に話している。

「デモイン・レジスター」紙によると、殺したばかりのゴキブリは体が柔かいので、人間らしいポーズに体を曲げやすいのだそうだ。耐久性を高めるため、一体ずつ透明ポリマーで二度コーティングする。

ウェッブの変わったトロフィーのうわさは広まり、思ってもみなかった所からいくつか注文を受けるなど、新しくさらに大きな作品を作る機会が出てきた。何と、ウェッブ夫妻は間もなく、ラジオやテレビのプロデューサーの大群とも言うべきものからの問い合わせをさばくようになった。そして、簡単に言ってしまえば、彼はこの課題に取り組んだのである。ABCの番組『信じらんない』出演に先立ち、このアイオワ州エイムズ市の警察官は、非番の時間を五〇時間も費やし、八八匹のゴキブリを芸術的に配置したミニチュアのお客とスタッフのスタジオセットを制作した。現在ウェッブは退職してこのときの稼ぎで暮らし、この実入りのよい細かい試みは後継ぎに譲り、彼らがゴキブリを捕まえてポーズを取らせている。

テレビに出るゴキブリ・入るゴキブリ

サンフランシスコのニューラングトン・アートギャラリーで催された「ポスト・ネイチャー」展のために、ジーナ・ラムは作品を作って「TV消費者」と題をつけた。この作品は、研究所で飼育されたゴキブリをまとめて輸入し、プレキシガラス製の檻に入れて、外枠を取り外して中身が丸見えになっているテレビセットの中に置いたものである。ラムはこの環境の中に、ズームレンズ付きの有線ビデオカメラを取り付けて、ゴキブリであふれたテレビの内部を、二一インチ画面に映し出せるようにした。

「アート・ニューズ」誌の批評家は、「ラムは自省的で連続運転するメカニズムを作り上げた。モニターは自らの裏側の姿を映し出すだけでなく、絶縁体を糧として生きるゴキブリを養ってもいる」とコメントしている。「アート・ニューズ」誌の批評によれば、「TV消費者」はぴったりの喩えをもたらした。「現代のメディアにどっぷりつかった超現実の状態であり、そこでは現実を表す記号の方が、寄生虫のように、それに取り囲まれている宿主を食い尽くしている」。

ゴキブリと漫画

ゴキブリのキャラクターは、新聞や雑誌に発表された漫画や、裏（サブテラニアン）漫画にも何度か組み込まれてきた。

バーク・ブレストの『アウトランド』によく登場するゴキブリは、この漫画の二人の主人公のオーパスとビルをひどく困らせる。ある時などは、「ダイヤルQ^2議員と話そう」に、通話料一分五ドルでわいせつ電話をかけたりしている。

『アウトランド』の超現実主義的風景画の中で繰り広げる『飛べる翼があったらなあ』（*A Wish for Wings That Work*）というゆったりとした三〇分アニメ作品は、どこかよそのシュールな景観に設定されており、ときどきコーヒー豆の胸をつけて男物の服を着たゴキブリが現れて活躍する。

ゲイリー・ラーソンの『ファー・サイド』も、この人間にいちばん嫌われる生き物に大きなユーモアを見いだしている。彼の名作の一つに、こういうのがある。ゴキブリが夜遅く車にぎっしり乗って現れ、三階建ての煉瓦造りのゴキブリホテルに横づけする。そして車内で一匹が大きな声で言う。「ねえパパ。電話線があるかどうか見てきてよ」。さらに、これまた傑作な一コマ漫画が、G・ワイズとオルドリッチによる『リアル・ライフ・アドベンチャー』である。ゴキブリ用スプレー缶の説明書きにはこうある。「缶でゴキブリを叩きつぶせばさらに確実です」。

ジョージ・ヘリマンは一九二七年、『あーちーとめひたべる』の初版に、コメディタッチのインク画のイラストを描いた。彼は一九三三年、三五年、四〇年にそれぞれ出版されたアーチーの詩集にも、同様にイラストを描いている。また、ヘリマンが創り出し、ストーリーを書き、絵をつけた伝説の漫画『クレイジー・キャット』は、二九年間にわたってアメリカ全土の新聞に掲載されるという、前例のない長寿漫画となった。裏街道を生きる『クレイジー・キャット』の登場人物に触発された漫画家のマーク・カウスラーは、一九七五年にアニメ映画になった『クーンスキン』〔あらいぐまの毛皮〕のナイスガイ、ゴキブリのマルコムを描いた。

ゴキブリマン？

キャプテン・コックローチは、デイヴ・シムが描いた単発ものの漫画『セレブス』の主人公で、一九七七年にはシリーズ化された。シムはもともと、敵を嫌がらせるためにゴキブリの衣装を身にまとった正義の味方というこのキャラクターを、バットマンのパロディーとして考え出した。ところが

ウェッブの見事な作品（左上から時計まわりに、ゴキブリばさみ、９番ホール、熱いおふろ、『信じらんない（ザッツ・インクレディブル）』のスタジオセット）

客「ちょっと君、スープの中でゴキブリが泳いでるんだけど」
ウェイター「だって泳がないとおぼれちゃうでしょう」

このコックローチは非常に人気が出たため、シムは彼を精神分裂症で多重人格で、自分の別の人格をばかにしてあざけるキャラクターにし、ますます有名な漫画の主人公になった。

『大したゴキブリ　ドミノ・チャンス』は、ミネアポリスの漫画家ケヴィン・レナーの作品である。レナーはこのゴキブリ宇宙戦士を主人公にした漫画のシリーズを、一九八二年から一九八五年まで九冊、自費出版した。チャンスの冒険の舞台は、混乱の二〇〇〇年先の未来で、赤い宇宙服を来た人間大のゴキブリが支配している。

スタンレー・ホワイトは一九九二年、メルとフレンチ・リヴァーの協力で、『ラルフィー・ローチの大冒険』を発表し、一九九三年と九四年には、三編の続編を出した。

ゴキブリアニメ

一九三五年、アル・ジョルソン主演の映画『ジャズ・シンガー』がトーキーの新時代を告げてわずか六年後、ゴキブリがミュージカル映画『レディー・イン・レッド』に登場する。この全編五分のアニメは、バッグスバニーのアニメを最初に手がけた監督として知られているフリッツ・フレレングが監督した。舞台は閉店したメキシカンカフェで、ゴキブリの一団がそこで暮らしている。ゴキブリたちはオリーブでボーリングをしたり、豆でテニスをしたり、ローチナイトクラブに繰り出して美人のセニョリータ・コックローチのダンスや歌のショーを楽しんだりする。カルメン・ミランダ〔ブラジル出身のハリウッド女優〕風に「レディー・イン・レッド」をささやくように歌う彼女は、歌が終わらないうちにオウムに連れ去られるのだが、ハンサムなゴキブリのヒーローに助け出され、物語は終わる。

フレレングの『レディー』の下地を作ったのは、一時期全盛を極めたテリトゥーン・スタジオの設立者、ポール・テリーである。テリーの一九三二年の漫画『コッキー・コックローチ』は、前述の作品とよく似た恋愛・失恋もので（この作品では相手は蜘蛛）、昼の興行（マチネー）好きの人たちに人気を得た。『レディー』も『コッキー』も、多くのアニメーターにインスピレーションを与えた。中でも注目すべきは、『ジューク・バー』という受賞作品を監督した、フランス系カナダ人のマーティン・バリーである。この、アニメと実写を合体させたミュージカル・コメディーは、一五分の短編映画で、歌やダンスがふんだんに盛り込まれた作品になっている。年代もののジュークボックスの中が舞台で、物語の最後には、これがゴキブリ獲りになる。

これまでゴキブリが登場したアニメの完全なリストを作成した人は誰もいないが、ここで八作品を挙げてみる。無声フィルム『ボードビル』（一九二一年）、『コッキー・コックローチ』（一九三二年）、『レディー・イン・レッド』（一九三五年）、『ビンゴ・クロスビアナ』（一九三六年）、『みにくいゴキブリ』（一九六〇年）、『アーチー』に影響を受けた『シンボーン・アレイ』（一九七一年）、『ザムザ氏の変身』（一九七八年）、ドン・ブルース監督『アメリカ物語』（一九八六年）である。

この他にも、テレビ放送用にゴキブリアニメが多数作られている。その中で注目すべき作品は、

『目立ちたがり屋のローチ』（子ども向けの楽しい番組『みつばちマーヤ』の一話）、短期間のシリーズだった、ホワイトハウスに住むゴキブリやドブネズミなど、嫌われ者の動物たちを主人公にした『キャピトル・クリッターズ』である。

ゴキブリの叙事詩

『ゴキブリたちの黄昏』は昆虫アニメの『風と共に去りぬ』である。日本の吉田博昭脚本・監督のこの野心作は、実写とアニメの組み合わせで家に住むゴキブリの二つの社会を描いている。片方のゴキブリたちは、斎藤家でぜいたくな暮らしを送る。斎藤はグルメで強い酒が好きな今どきの独身男で、酒を飲むと六本足の同居人たちにまったく気づかなくなる。斎藤のゴキブリの出る台所では、毎晩パーティーである。もう片方の一団は、斎藤家の陽気な穴倉の向かい側の空き地をはさんだ所に住んでいる。こちらのゴキブリたちは、家からゴキブリを抹殺しようと必死のキャリアウーマンの、度重なる攻撃に脅かされながら暮らしている。この二つのゴキブリ王国は、傷ついたゴキブリ兵士のハンスがよろめきながら斎藤家のドアから入ってきた後に、一つになる。ハンスはパーティー好きの仲間に、大量殺虫が差し迫っていると警告する。ところが、彼の話を信じたゴキブリはナオミただ一匹だった。ナオミは若く美しい娘で、イチロウという繊細で空想的な若者ゴキブリとの結婚を前にしていた。当然ながら、ハンスの介抱をするうちに、ナオミは影のあるミステリアスな兵士と恋に落ちるのだった。

ナオミの家族と友人らをとりまく環境は、斎藤が新しい恋人を家に連れてきた直後に厳しいものに変わる。恋人は向かいに住むあの女性だったのだ。二人はいっしょに、かつては平和に暮らしていたゴキブリの王国に、一匹残らず殺す駆除剤を仕掛けた。物語の結末は、ハンスとの一時の情事によって有精卵のつまった卵胞のできたナオミが、たった一匹生き残る。

この作品は何を意味しているのかと聞かれた吉田は、「受け取り方は皆それぞれです」と答えた。「アメリカ人の中には、これをユダヤ人の話と受け止める人もいます。韓国人は韓国人のことだと、黒人は自分たちのことだと考えるのです」。さらにせっつかれて、彼は本当の意図を明らかにした。

> 私の作品のゴキブリには、自分たちの住む世界が全然見えていない。彼らは歴史を知ることなく豊かな暮らしを営んでいる。このゴキブリたちは、現代の第二次大戦以後の日本人によく似ている。彼らは危険がどういうものかまったく知らず、危険に興味もない。生きていること、食べ物があること、何でも手に入れられて楽しく過ごすことが当たり前だと思っている。何かに苦しむこともない。それはゴキブリにとっても、日本人にとっても、危険な考えだ。

文筆家のゴキブリ

ゴキブリは何千年もの間、自分たちの内なる気持ちを表現してくれる誰かを待ち続けていた。その誰かというのが、アーチーである。新聞記者のドン・マーキスの話では、この野望を抱いたゴキブリは一九一三年から一九二二年まで「ニューヨーク・サン」紙の事務所に住みついていた。ある朝、いつもより少し早く事務所に着いたマーキスは、彼の言葉で言う巨大なゴキブリがタイプライターのキーの上を跳ね回っているところを見た。

ゴキブリはこちらに気づかなかったので、じっと見ていた。彼はタイプライターの枠を必死につたって上り、飛び降りると、体の重さと勢いでキーがうまい具合に下りた。そうして一回でやっと一文字を打つ。大文字は打てなかったし、紙を送って次の行を始めるのにも非常に苦労していた。

マーキスは「あれほど一所懸命何かに取り組んだり、自由に汗をかいて何かをしているゴキブリを見たことがない」と書いている。「約一時間、この恐ろしくハードな文学的労働をした後、ゴキブリは疲労困憊して床に落ち、詩の本がどっさり置いてある所へよろよろと戻っていった」。マーキスがタイプライターから紙をはずしてみると、こんな詩が書かれていた。

©1987 TYO Productions, Inc./Kitty Films, Inc.

ぼくのたましいは　ひようげんおもとめる
ぼくはかつて　ぎんゆうしじんだつた
しんで　たましいがごきぶりのからだにやど
り
あたらしいせいめいかんお　もつようになつ
た
いまぼくは　ていへんから　ものおみる
くずかごに　りんごのかわおのこしてくれた
　あなたにありがとう
ただ　のりはくさりかけていて　もうたべら
れない

この詩は、アーチーの文学における長いキャリアの始まりとなった。その後一〇年にわたり、「サン」紙や、マーキスの移籍以後は「ニューヨーク・トリビューン」紙で、この北アメリカ一働き者のゴキブリの文章はみるみる広まった。彼

かさこそ走るゴキブリくん
近づいてくと走ってく
食料品の棚の上
急いで姿を隠してる
冒険好きの害虫くん
君のことを知りたいな
くつろぐ時はどうしてる
チーズにもたれているのかな
コックもいない真暗な
キッチン君の遊び場だ
コックが作ったゴミの山
お茶っぱのなか見て回る
楽しい探検どこに行く？
長いひげの先っちょで
ビスケットなでてみるのかな
プルーンの液で泳いでは
君はハミングするのかな
日が昇る頃にこっそりと
ねぐらのシンクに帰るのかな
臆病ゴキブリ隠れずに
君と僕とは兄弟だ
僕も夜中に君みたく
食べ物あさってごそごそだ
——クリストファー・モーリー

の作品は、読者を都会の虫の豊かな世界へと導き入れ、アーチーが恋焦がれる野良猫メヒタベルの滑稽な行動に読者を誘った。

アーチーのコラムは奇抜で、風刺的で破壊的なものが多く、だいたいいつも辛辣な内容だった。また、効率的でもあった。一行一行が短く、最小限の努力で紙面で大きな面積を占めた。しかも、ゴキブリの書く文章ということで、マーキスは大文字やアポストロフィー、引用符などを使わなくてすんだ――こういった細かい面倒なものは、マーキスの友人のE・B・ホワイトによれば、「版に間に合うように言いたいことだけをさっと書きたいと思っているすべての人の作業を遅くする」。

一九四〇年に全集として出版された『あーちーとめひたべるのせいかつとじかん』には、こういった詩が二〇〇編以上書かれていて、一編一編が様々な時代のトピックを取り上げたり（あいんしゆたいんじいさんは／じかんがないといったけど／そのしらせはまだ／しんしんけいむしよにはとどいてない）、普遍的な真理に触れたりしている（ぐずぐずするということは／きのうにおいつく／うでである）。アーチーの詩は、特に人間に関する場合には、容赦がない。

ぼくにはにんげんがわからない
なぜそんなにいばつているのだろう
こんちゆうはあなたたちよりも
ずつとまえからつづいているのに
かがくしやたちがいうことには

にんげんがまだばぶばぶとかなんとか
くらいしかいつていなかつたころ
こんちゆうはもうこんちゆうだつた

あるいは、

ごきぶりは　いきている
おだやかに　ゆたかに
じんるいは　いつもせつせと
ごきぶりお　やしなつている
あらゆるしやかいせいどが
いつのじだいにもあつた
それは　ぴらみつどをつくり
そのちようじように
いきようよう　ごきぶりがとまる
そのための　ことだつた
ながいじかんがかかつたが
われわれはいまさししめす

ほこらしく　そのせいかを

その他のアーチーの詩は、本書の九頁、一五五頁にもある。

ゴキブリ小説

小説家ドナルド・ハリントンの作品『もっといま荘のゴキブリたち』(*The Cockroach of Stay More*) では、田舎のオザークにある一地区の家々の内外に住むいくつかのゴキブリの家族の見た世界を見せ

話を先へ進める前に、私はあるやっかいな問題を片づける義務があると感じました。読者の方々はすでにお気づきかと思いますが、私はアーチーとメヒタベルの名前を大文字で始めています。なぜこれをお話しするかというと、かつての「サン・ダイヤル」紙の昔からのファンの方々に、アーチーを大文字で始めるのは、赦しがたい罪だと思われているからです。彼らはなぜか、ドン・マーキスのゴキブリがタイプライターのシフトキーを操作できないなら、他の奴にもできるわけがないという非論理的な考えを抱いていますが、それは荒唐無稽な話です。アーチー自身は、大文字で名前を書いて欲しがっている——カミングスじゃあるまいし〔詩人のエドワード・エストリン・カミングスは、ペンネームとして e. e. cummings を用いた〕。実を言うと、アーチーは、もし誰かシフトキーをロックしてくれる人がいれば、全部大文字で話を書こうかと考えたこともあったくらいです。それに私も、最も信頼できる筋の情報があればこそ、アーチーの名を大文字で始めるのです。ボスであるドン・マーキスが、アーチーのことをコラムで取り上げる時、必ず彼の名を大文字で始めるのです。これ以上確かな根拠はないでしょう。——E・B・ホワイト、『あーちーとめひたべるのせいかつとじかん』*Don Marquis lives and times of archy and mehitabel* への序文より。

てもらえる。

ハリントンは時間をかけて、『もっといま荘（ステイ・モア）』の、複雑で大体がメロドラマ的な話を語っている。その過程で、彼はゴキブリの生活現象と不品行という課題について、新鮮な見方をいくつも出している。読者は、たとえば、若いゴキブリが母親に「古い食べ物は丸のみする、吐く時は誰にも見られないところで吐く」と教わること、また「いろいろな呼び方があるが、……『コックローチ』という呼び名だけはあまり使わないほうがよい」ことなどを知る。

『もっといま荘』の魅力ある無脊椎動物――浮気者のレティシア・「上げ底（ティシュ）」・ディングルトゥーン、チディオック・ティックボーン尊師、年老いた耳の遠い独身男のサム・イングルデュー、それに彼らの家族や友人たち――は、自分たちのことを「ルースターローチ」（ルースターは雄鶏、つまりコックの別名）と称するのを喜ぶ。この本の入り組んだ筋の大部分は、ルースターローチらが「ホーリー・ハウス」と呼ぶ場所を中心に描かれている。そこに住む人間（意志の弱い、アルコール中毒の作家）が、同居する虫たちをピストルで撃ち殺そうとして壁にいくつも穴（ホール）をあけたために、その家は聖穴の家（ホーリーハウス）と呼ばれている。

ダニエル・エヴァン・ワイスの『ゴキブリに王はいない』（*The Roaches Have No King*）は、ハリント

ふうー
くさりかけているのでたべられないよ

ンがゴキブリの田舎の生活を描いた物語に、世間ずれしたひねりを加えた話になっている。物語の舞台はニューヨーク――厳密に言うと、おおざっぱであまり清潔とはいえない弁護士、アイラ・フィッシュブラットのアパートである。語り手のナンバーズは、生まれて間もない数日のうちに、アイラの本棚の旧約聖書をかじりつくす。本棚を離れてキッチンの食料品のほうへ移ったナンバーズは、キッチンの改装によって起こる、命に関わる環境の変化を阻止しなくてはならなくなる。自分の種の存続を守るため、ナンバーズは、フィッシュブラットと、彼の恋人で細かいことにうるさいルース・グラブスタイン（映画『ゴキブリたちの黄昏』を思い出させる）との関係を断つことになる。

この作品はもともと『不自然選択』（*Unnatural Selection*）という題で、イギリスで出版されたものである。ワイスによれば、この本の民族的・人種的固定観念が、アメリカでの出版が遅れた原因の一つだろうということである。彼はこう語っている。「私は、ゴキブリならこう書くだろうと思うことを書こうとしたんです。そういうことは次から次に出てきますよ」。

カフカのゴキブリ

「ある朝、グレーゴル・ザムザが何か気がかりな夢から目を覚ますと、自分が寝床の中で一匹の巨大な虫に変わっているのを発見した」。フランツ・カフカの『変身』の冒頭であり、一九一五年一一月、ドイツで発表された。それにしても、多くの読者が考えたように、この怪虫はゴキブリだったのだろうか。

「ある朝、グレーゴル・ザムザが何か気がかりな夢から目を覚ますと、自分が寝床の中で一匹の巨大な虫に変わっているのを発見した」――フランツ・カフカ『変身』

この実存主義の古典を書いた作者は、固く口を閉ざしていた。カフカは、出版社にも「この虫は絵に描けない」とはっきり言って、グレーゴルの変身した姿の絵を本の表紙に描くことを固く禁じた。彼の命令に従い、挿し絵を描いたオトマール・シュタルケは、この本の初版の表紙に、ガウンを着てスリッパを履いた男が、おびえて顔を手で覆っている姿を描いた。男のすぐ後ろにある開いたドアの向こう側は、底なしの闇になっていた。

カフカはこれが何の虫なのかはっきり言わないように、言葉を慎重に選んで描写している。元のドイツ語版では *ungeheueres Ungeziefer* となっており、最初の単語は「家族の中に居場所のない者」という意味で、後の単語は「犠牲に値しない汚らわしい動物」の意味である。この頭韻を踏んだフレーズは、「巨大な虫」の他に「奇怪な虫」あるいは「非常に大きな昆虫」などと訳されているが、それ以上のヒントは何もない。

そういうわけで、わからないままだ。正確にはザムザ氏は何の昆虫に変身したのか。変身の最初の段階では、グレーゴルはトコジラミのように平べったく、あまりに体が薄いのでベッドの下に簡単にもぐり込めるのだが、歯でドアの鍵を閉めるほど体長が長い。本では、「ふくらんだ褐色の腹の上に、アーチのような形の横に行く筋が入って」いて、「たくさんの足が（…）彼の目の前で頼りなげにぴくぴくと動く」とある。後の方では、ザムザ家のメイドがグレーゴルを *Mistkafer* と呼ぶが、これはほとんどの学者から、文字どおり「よれよれの汚い甲虫」、つまりスカラベの別名と解釈されている。このことにより、何人もの批評家が、『変身』の象徴するものと、スカラベ（乾いた、生き物のいない砂漠の土から幼虫が羽化する）によって表される古代エジプトの死後の生の信仰との間につながりがあるとした。

カフカが実際にゴキブリを念頭に置いていたかどうかは、決してわからないかもしれない。カフカが四一歳で亡くなる直前、小説家のマックス・ブロートに手紙を書いて、自分の書いたものは、小説の草稿も含め、すべて焼却してくれるよう頼んでいる。ブロートはこの死にかかっている作家の希望を無視することにした。何年もたってから、彼はカフカの日記を編集した。グレーゴルの正体についての記述はどこにもなかった。たぶん、『変身』の暗号めいた主人公は、周囲から浮き上がり、疎外された作家本人を表したものだということである。彼は多くのゴキブリ同様、その短い生涯の大部分を、人間に責められて暮らしたのである。

舞台のゴキブリ

一九五〇年代、アーチーの詩には曲がつけられ、キャロル・チャニング、ジョン・キャラダイン、エディー・ブラッケンといった錚々たる人々が歌った。コメディアンのメル・ブルックスは、ジョー・ダリオンがこの「裏町オペラ」の脚本を書くのを手伝い、それは『あーちーとめひたべる』としてオフ・ブロードウェーで公演された。二〇年後、このミュージカルは、ジョン・D・ウィルソン監督のアニメ『かさこそどおり』(*shinbone alley*)として、生まれ変わった。

驚くことに、ゴキブリを主役にしたものは、これが最初ではない。スペインの偉大な詩人、フェデリコ・ガルシア・ロルカの失われた作品の中には、ゴキブリの悲しい恋の話をうたった散文詩と対話の混合詩があったといわれている。『フェデリコ・ガルシア・ロルカ伝』(*Federico Garcia Lorca : A Life*)の著者、イアン・ギブソンによれば、そのゴキブリは、けがをして地面に落ちた蝶に心を奪われてしまう。蝶はゴキブリの住処に連れて行かれ、彼の家族の介抱のおかげで、またはばたくことができるようになる。蝶は飛び去ってしまい、残された哀れな傷心のゴキブリは死んでしまうのである。

このかわいそうな詩の朗読を聞いて、ロルカの友人らは、これを劇に翻案すべきだと彼を説得した。エスラバ(マドリッドの劇場)は、喜んでその製作を引き受けた。ロルカはこの演劇を完成させるのに精一杯努力をした。タイトルと背景に関しては最後まで迷っていたが、『エル・マレフィコ・デ・ラ・マリポサ』(蝶の悪しき呪文)として一九二〇年三月のある夜に初公演された。

ところが何ということか、『エル・マレフィコ……』は大失敗に終わった。幕が上がった時、「ラ・アルヘンティーナも、カタリーナ・バルセーナも(ゴキブリの役)、グリーグもミニョーニのカラフルな舞台装置も、バラダの衣装も、マルティネス・シエラの監督も、詩そのものの良さも、観客の根強い嫌悪感には勝てなかった」と、ギブソンは書いている。

劇の見せ場のせりふも、いっせいにとぶ野次や罵声、足を踏みならす音、ひやかしなどにかき消された。特にサソリの食事の説明の場面では、大騒ぎを引き起こしたという。ギブソンは続ける。「彼が『たった今、虫を食べたところだ。うまかったな、やわらかくて甘くて。最高においしかった』と言った時には、『そいつにゾータル（殺虫剤の商品名）をかけろ』と若い男が叫んで、劇場中が大笑いの渦になってしまった」。

ロルカの伝記の著者によると、マドリッドの人々はまだ、ゴキブリの失恋話の劇詩を受け入れる態勢になっていなかった（そして間違いなくこの先もない）ことは、火を見るよりも明らかだった。

ゴキブリのリズム

当然のことながら、ゴキブリの歌のほとんどは、ゴキブリと身近な関係にある人たちによって書かれている。アルバート・キングの『コックローチ』はスタックスレーベルからリリースされて数十年、時代を超えた名曲になった。この三分のバラードの中でキングは、コンクリートのポーチで眠るのがいかに大変かと文句を言っている。「腕まくらをしようとしたところに限って、でかいゴキブリがいて私を見上げている」と彼は歌う。後に彼は、「腕の下や足の上をゴキブリが這うのには、うんざりしていた」ともらしている。歌は、「ドアを開けて」気の毒なブルース歌手を中に入れてくれという、心からの懇願で終わる。

『シンシナティーを食べたゴキブリ』は、珍しいタイトルの曲の種類に入る。一九七四年、ローズ・アンド・ジ・アレンジメントによってレコード化されたこの曲は、自称ホラー映画中毒者の目を通して見たB級映画の架空の怪物を歌っている。

フランケンシュタインにはぞっとする
ドラキュラを見れば頭がこうもり
いやいやたいしたことはなかったよ
もっと恐ろしい奴を見ちゃったよ
シンシナティーを食べたゴキブリ

「シンシナティー」は、怪物ゴキブリの食事の描写に詩的な磨きをかけている。「ランチに郊外の街を一つか二つ食べた／ディナーに街をまるごと食べた（ゲップ）」。当然、大衆受けするこの曲は、少なくとも一枚のアンソロジーもののCD、「ドクター・ドメント二十周年記念集」（*Doctor Domento's Twentieth Anniversary Collection*）には収録されている。

私の一番好きなゴキブリの歌は、他でもない、ザ・ローチーズという、ベイ・エリア出身の女性アカペラグループである。アルバムとしてリリースはされていないが、アニメ番組「タイニー・トゥーン・アドベンチャー」の中で、人気者の三匹のゴキブリのクラブ歌手が歌う、こんな歌である。

わたしたちはザ・ローチーズよ、虫だと思ってばかにするでしょ
わたしたちはザ・甲虫（ビートルズ）も、リバプールから知っているのよ

さらに、ここで挙げておくに値するのは、ごく最近の作品だが多くの人に見落とされている、

映画『ヘアスプレー』（1988年）より

『ローチ・モーテル』という、デッド・ユースのアルバム『インテンス・ブルータリティー』に収録された一曲や、ボビー・ジミー&クリッターズの『ローチズ』、ジャマイカのレゲエ・スターのイイカ・マウスの『マイ・ブレズレン・ローチ』である。アール・フッカーズのインストゥルメンタルの曲『ツー・バグズ・アンド・ア・ローチ』の「バグズ」は、昆虫ではなく結核菌であることを記しておくべきだろう。ゴキブリはいかようにも想像されるのである。

ゴキブリの振付

おぼえやすい六ステップの「ザ・ローチ(ダンス)」は、一九六〇年代前半にポップミュージック・チャートに登場した。踊ったのは、このダンスを考え出したジーンとウェンデルである。「ローチと呼ばれる踊りがあった/東で西で子供が大騒ぎ」と始まるこの二分半の歌は、ジーン(それともウェンデルだっけ)が、みんなに「ポーチまで一列につながる」ように言い、「ぐしゃっ、ぺしゃっとゴキブリをつぶす」用意をする。ウェンデル(それともジーンだっけ)は、ゴキブリに毎日悩まされてきたと話す。ところが、ウェンデルが「ヘアオイルを買いに店へ走る」ことになったある夜、ゴキブリが自分のガールフレンドと歩いているのを見てしまった。ジーンとウェンデルは歌の最後のコーラスでこう歌う。「奴をねらって(ぐしゃっ、ぺしゃっ)、つぶしてやる(ぐしゃっ、ぺしゃっ)」。

一九八八年、ローチダンスが新しい命を吹き込まれたのは、異色監督ジョン・ウォーターズが、主役にディヴァイン(二役)、そして当時太めだったリッキー・レイクを起用した長編映画『ヘアスプレー』でのことだった。監督の半自叙伝的な『ヘアスプレー』は、ローチダンスの人気が絶頂だった頃のボルティモアを舞台に、十代の若者の姿を描いている。映画で俳優たちに正しい踊り方をさせるため、ウォーターズは有名な振付師を雇った。

映画の最後では、レイクが、料理用の皿ほどの大きさのある黒いベルベットのゴキブリを刺繍したシルクのイブニングガウンを着て登場する。共演のソニー・ボーノ、ルース・ブラウン、デビー・ハリー、ジェリー・スティラーが、信じられないというような顔で見つめる中、彼女はジーンとウェンデルの歌に合わせて頭、胸、腹を振って見せる。

「トン、ステップ、スキップ、ツー、スリー、フォー、ファイヴ、シックス、セヴン」とローチダンスのレッスンが歌に出てくる。

「ぐしゃっ、ぺしゃっ、ローチを殺せ」。生きたゴキブリが必要なわけではないし、ゴム底の靴も要らない。

10 ペット及びコレクションとしてのゴキブリ

ゴキブリは、つきあうに足る動物である。住処に金をかける必要がないし、病気になることもほとんどなく、餌に関してはまったくこだわりがない。月に向かって吠えることも、明け方にチュンチュン、ミャアミャア、キイキイと鳴く習性もない。当然ながら、スリッパを持ってきてくれるなどという芸当はできない。そのかわり、毎日二度も散歩に行く必要はない。

熱帯魚のように、ゴキブリも基本的に鑑賞して楽しむペットであり、いっしょになって遊ぶものではない。小さなヌマガメやオカヤドカリを扱うように外に出しても手許に置いておける、体が大きくて動きの遅いゴキブリもわずかながらいるにはいる。もちろん八センチもあってぞろぞろ這い回る昆虫を飼いたいとは思わない人もいるだろう。しかし、そんな後ろ向きな思いこみを捨てて、この地球上のたいへん魅力的な無脊椎動物の一種と親友になれる人も大勢いるのだ。

ゴキブリの芸

ゴキブリにペットとしての本当の躾をすることはできない。これは『クリープショー』(*Creep Show*)や『ジョーのアパート』(*Joe's Apartment*)といったハリウッド映画でゴキブリのコンサルタントを務めたレイモンド・A・メンデスの言葉である。

「昆虫といっしょに可動車で仕事をしているときにしているのは、牛を追い立てるカウボーイにそっくりのことだ」と、メンデスは「ニューヨークタイムズ」紙の科学担当記者に語っている。そうやって思いどおりに並ばせようとするのは「ゴキブリ追い」と呼ぶのがいちばんぴったりすると、彼は説明している。

「昆虫の扱いも、他のものの扱いと同じだ。たとえば変な持ち方で猫を抱き上げると引っかかれてしまう。でもちゃんと抱き上げてやれば、猫は腕に身体をすり寄せて眠るものだ」。

ゴキブリを摑む秘訣は、どのくらいの強さで摑めばちょうどいいかを知ることだと彼は思っている。軽すぎれば逃げられてしまうし、強すぎれば、押し潰されると思ってもがいて逃げようとすることになる。

正しい扱い方を知るには練習が必要だ。「リビングのように逃げられてしまう場所ではなくて、浴槽の中で摑むといい。いったん放してやってから、再びそっと捕まえたりして遊んでやること。ちょっと時間はかかるが、最終的にはゴキブリを扱えるようになるだろう」。

この段階をマスターしてもまだ、大多数の人は（いや、ほとんど全員というべきか）ペットのゴキブリに何かを教え込むのは無理だと思っているだろう。しかしながら、メンデスは、昆虫を操って合図に

> 「一九三八年五月、テキサス州アマリロの監獄のある囚人が、望んだときに彼の独房へゴキブリが来るようにしつける方法について語っている。ゴキブリの背中にタバコを一本くくりつけて来るのだった」――オースティン・フリッシュマン『ゴキブリ戦闘マニュアル』*Cockroach Combat Manual*

合わせて芸をさせる方法があると説いている。

「たとえば、ゴキブリは普通明るいところから暗いところへと走る。だから、突き当たりが陰になって隠れ場所になるように小さな仕切りを作ってから、その仕切りに向けて合図に合わせてゴキブリを置き、軽くつついてやれば、ゴキブリは自分（とカメラマン）が望んだとおりに、仕切られた暗い場所へ向かって一目散に走っていく」。

昆虫コンサルタントのスティーヴン・R・クッチャーは、映画『レース・ザ・サン』（*Race the Sun*）の忘れがたいシーン――テニスシューズの中から這い出てきたゴキブリが、素早くスナック菓子の袋を押し分けて進み、サーフィン雑誌の上に乗って表紙の小さなサーフボードのカラー写真の真上に収まるという長い一連のショット――を作り出した。

クッチャーはどうやってこんな見事なシーンを撮ったのだろうか。彼はまずカメラの死角に、手で扱える小さな棒を据えて、靴の中からゴキブリをつっついて飛び出させた。クッチャーは菓子袋にあらかじめ折り目をつけておいて、このシーンの小さな主役が起伏をたどってサーフィン雑誌にたどり着けるようにした。そしてゴキブリを雑誌のカラー写真の目指す場所にうまくたどり着かせるために、ドライヤーの温風を吹きつけた。「たいしたことではありません」と、ゴキブリ追いは謙虚に結んでいる。

生物学関連用品を扱う販売店としてはアメリカ合衆国最大の店、カロライナ・バイオロジカルサプライ社からは、五種類以上のゴキブリを購入することができる。一九九六年現在、マダガスカルゴキブリ（教師や動物園のガイドに人気がある）は、一匹七ドル五〇セントで、三匹だと一九ドル九五セントである。ゴキブリ飼育セットもあって、これにはマダガスカルゴキブリ二匹に、「脱走防止」の蓋のついた約八リットルの容量のプラスチック製の飼育器、底に敷く木くず、餌と水を入れる器、ゴキブリがよじのぼるための枝、説明書一式といったものがついていて、二八ドル九五セントである。

雄だけ、あるいは雌だけの、つがいになっていないワモンゴキブリは、マサチューセッツ州サウサンプトンにある、コネティカットヴァレー・バイオロジカル社で一ダース二八ドル前後で入手できる。雌雄分けしてある幼虫や、分けていない幼虫もある。カロライナ・バイオロジカルサプライ社など数社では、ありふれたチャバネゴキブリからメンガタゴキブリ、オオゴキブリ、ドラマー・コックローチ *Blaberus discoidalis* といった外国の種も取り扱っている。

家畜の交換

ゴキブリ類飼育グループ（ＢＣＧ）はイギリスの団体である。この団体の目的は「世界中のゴキブリ種の飼育および研究を奨励すること」である。

ＢＣＧの基本的な活動のひとつに、メンバーが捕まえて育てた「家畜」ゴキブリの無料交換がある。だから会費を払って必要な書類に記入すれば、二〇種類以上のたくさんのゴキブリの中から、すばらしいペットとなりそうなものを選りすぐることができるのだ。

最新のBCGの会員には、バミューダ、カナダ、フランス、イスラエル、ベルギー、フィンランド、マレーシア、合衆国、パプアニューギニアといった国のコレクターが登録されている。この団体の事務局からは、ゴキブリの世話と餌のやり方についての簡単なメモとゴキブリの生態についての論文が載せられた、不定期の会報が刊行されている。

いろいろと採集してみよう

合衆国内のほとんどの地域では、家の外に出るまでもなく、ペットになりそうなゴキブリを見つけることができる。しかし、そういった昆虫のほとんどは「ありふれた」どこにでもいる種類——トウヨウゴキブリ、ワモンゴキブリ、チャバネゴキブリ、チャオビゴキブリ、クロゴキブリ——である。もっと変わった種類のゴキブリを見つけるには、戸外に探しに行かなくてはならない。

ゴキブリ探索は、ゴキブリの活動が最も盛んな夜に始めるのがいちばんである。家の中を探すときには、獲物が隙間に逃げ込んでしまわないように、灯りは全て消さなくてはならない。家の周囲で採集している間は、庭の歩道、中庭、プールのライトは点けておいた方がいい。この灯りに、目指す昆虫が引き寄せられてくるからだ。

懐中電灯は、光が強くて焦点を絞れるものが良い。レンズの表面に、丸く切り抜いた黄色のフィルターを貼っておくともっと良い。ロスコラックスの#10演劇用照明ジェルは、この目的にぴったりである。これで、スペクトルの中の黄色の帯域を見ることができないゴキブリに気づかれずに光を当てることができる。

整備士や歯医者の使う長柄の鏡も、隙間の中や仕切りの向こうを覗き込むときに役に立つ。懐中電灯や前述の道具などを使って獲物を探し当てると、プロのゴキブリ駆除業者は駆虫剤のスプレーを使って、ゴキブリを隠れ場所から追い出す。しかしこういった手段は、このような強力な化学薬品を取り扱う資格を持っていて、しかも慣れている人以外には勧められない。画材店や写真用品を扱う店で売っている圧縮空気の缶を使うほうが安全だろう。そういったスプレーを直接ひと噴きすれば、たいていのゴキブリはねぐらから飛び出してくる。外に出てきたら小さな捕虫網で捕まえられるので、しっかりとした、風通しの良い容器に移してペットにすればよい。

野外での探検

森や野原にまで出かければ、いろいろな種類がそろったコレクションができる。家庭内の種と同様に、野生のゴキブリを観察したり捕獲するのも夜が良い。野外に生息するゴキブリを捕獲するには、少し違った道具が必要になる。特に、走り去っていくゴキブリを両手で捕まえるにはヘッドランプが

「この有害な品種の生物は、ある観察者によれば、現地人にも外国人にも等しく有害だが、採集者には特に害がある」——著者不詳『昆虫の自然史』*Natural History of Insects* 第二巻（一八三〇年）

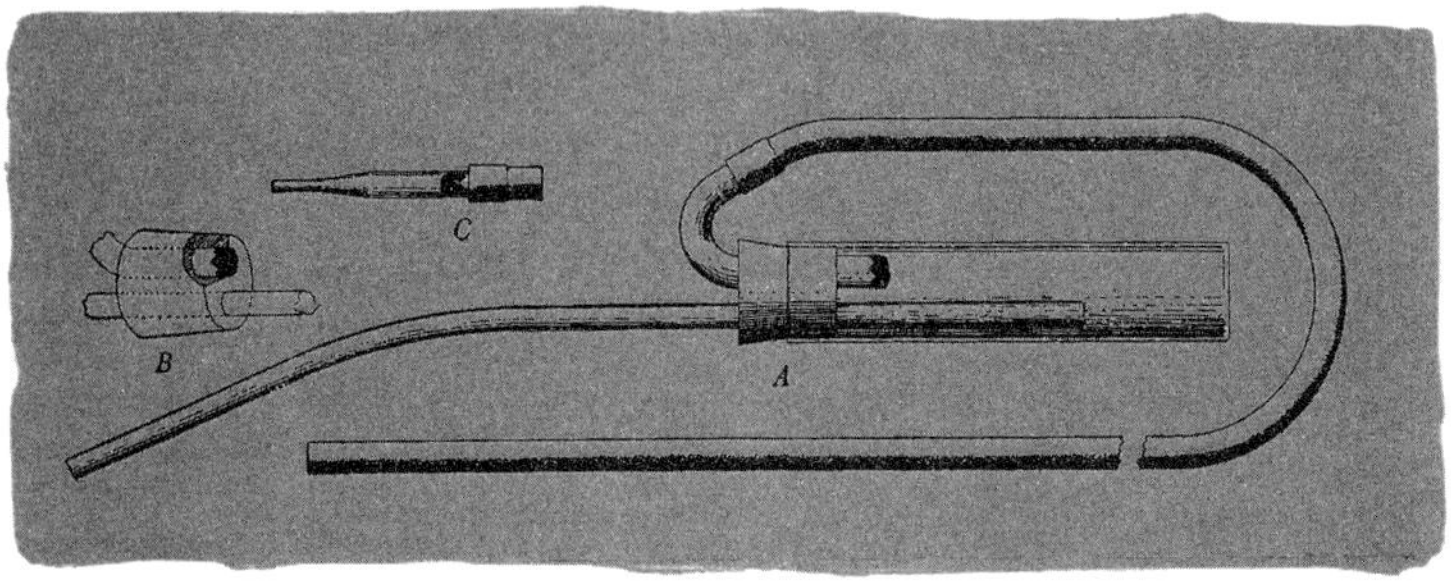

シンプルな吸気器のデザイン、アメリカ農務省提供

役に立つ。

野生のゴキブリはどこで探せばいいだろう。『北アメリカ・メキシコ北部のゴキブリのカタログと地図』(*Catalog and Atlas of the Cockroaches of North America North of Mexico*)には、多様な種類の採集場所が載っている。これには、広範囲におよぶ生息地が記されている。

「アパラチコーラ川沿いの冷涼な深い峡谷」
「カリフォルニア南部のカンガルーラットの巣穴」
「アメリカ西部の、湿気の多い低山地」
「フロリダ北東部の雑木林、低森林地および台（ハンモック）　地地域」
「マングローブの朽木の内部」
「テキサス州ヒューストンの宅地周辺」
「各地のモーテル」

レーフ・R・エドマンズは一九五七年、野生のモリゴキブリの採集および飼育の経験から「ゴキブリの小さな幼虫は吸気器で捕まえられるが、大きめの幼虫や成虫はピンセットか指で摘めば良いだろう」と書いている。エドマンズの吸気器はおそらく採集者が獲物を注意深く吸い上げることができるような、ちょっと曲がったガラスの管のことだったのだろう。プラスチックのストロー二本とゴムのチューブ、プラスチック製またはガラス製の瓶を使って、もう少し複雑な吸気器――吸い上げた獲物を誤って飲み込まないようなもの――を作ることもできる。

エドマンズは「モリゴキブリは、採集者が隠れ家の覆いを取ると、たいてい素早く逃げ去ってしまう」と述べている。しかしオハイオの寒い冬期および早春期の越冬中の幼虫は、動きが鈍いため、まだ捕まえやすいようである。

罠

手ではなかなか捕まえにくいゴキブリも、罠を仕掛ければ簡単に捕まることがある。ゴキブリの罠には、単純だが時間のかかるものもある。研究室で合成された性フェロモンを使ったものや、小さな仕掛けでおびき寄せる、最新式の囮もある。

メイソンのキャンディーの一リットル瓶に食パンを一切れ入れて、自家製の罠を作るのもいい。ビーフードの瓶でもかまわない。小さくてずんぐりとした形の方が、ゴキブリが入りやすい。瓶の口には、滑りをよくするために五、六センチの幅にワセリンを塗る（プロはワセリン三に鉱油一の割合で混ぜ

悪名高い英国艦バウンティ号の航海日誌には、船に積み込んだ貴重なパンノキを食い荒らすおそれのあるゴキブリとの戦いが、船長のウィリアム・ブライの手によって詳しく述べられている。

て使う）。それからスコップで庭に小さな穴を掘り、瓶の口が地面と同じ高さになるよう埋める。罠のまわりには小石や小枝を置いて、地面から一、二センチ高くしたところへ木片を乗せて、罠を隠す。ゴキブリは木片の下を這っていって罠に落ち、誰かが外に出すまではその中にいることになるだろう。

ゴキブリ採集のルール

ゴキブリに関しては、公式の採集制限はない。しかしながら、野生からあまりにも大量の標本を採取してしまうとどのような影響が出る可能性があるか、採集者は認識しておかなければならない。自然環境から一匹でも捕る前に、どのくらいまでの個体数の減少になら耐えられるか、はっきりさせておかなければならない。

フロリダ州では、マダガスカルゴキブリの売買が禁止されている。この州ではすでに、図らずも移入した昆虫種に悩まされている。ゴキブリを輸入したり他州へ輸送することは、合衆国農務省の動植物検疫部門で取り締まられている。ゴキブリを州外に持ち出すときには、メリーランド州リヴァーデールにあるこの政府機関であらかじめ許可を得なければならない。

ペットの新居

屋内のゴキブリ用の囲いは、ゴキブリが住みやすくて安全で飼い主の目を引くところになくてはならない。この条件を全て満たすには、四〇リットル以上の容量のガラスの水槽か飼育器と、それをぴったり覆うサイズの網を購入するのがいい。より確実に脱走を防止するため、容器の口から五、六センチの幅に、スティックンスリックのような市販の潤滑油を塗ったり、テフロンの昆虫よけテープを貼っておくとなお良い。

容器の底には木くずやバーミキュライト、またはアルファドライのような動物の寝床用の吸湿材を敷く。それから「ゴキブリ飼育器」を自由に造ればよい。使うものは、樹皮（マダガスカルゴキブリやメンガタゴキブリ、モリゴキブリなどの森に住む種に適している）またはトイレットペーパーの芯や卵ケース（ワモンゴキブリ、コワモンゴキブリなどの家庭の種に適している）である。また、ゴキブリの住処がいかにも魅力的に見えるようにするために、ペットが日中は隠れていられるような逃げ場、隠れ場を用意する。こういったものがあれば、ゴキブリも逃げ出そうとはせずにそこに定住するだろう。

ほとんどのゴキブリは熱帯地方が出身なので、住処も湿気が多く、暖かい場所——最低でも二四度くらいあると良い——にしてやらなければならない。ゴキブリ専用に暖房した部屋を用意してやる気がないのなら、ペットショップでヒーターを買ってやること。何種類かあるが、基本的に、蛇や蜥蜴や亀の飼育器用に作られている。ゴキブリに最適なのは容器の底にぴったりと合って、底を半分もしくは三分の二、覆うものである。これがあれば緩やかに加熱することができ、槽にいる虫にもある程度の選択の自由ができる。

飼育ゴキブリのための餌

新しいペットには、穀物や野菜や果物を混ぜて出してやると良い。これらは新鮮である必要はないが、囲いを囓ったり共食いを避けるためにも十分な量を与えなくてはならない。粗挽きのドッグフードやキャットフードを推奨するゴキブリ飼育家は多いが、ピュリーナ昆虫餌——トウモロコシ、小麦粉、大豆、果皮、魚粉、動物性脂肪、糖蜜、それからビタミンとミネラルを豊富に含んだ、粉状の食物——を勧める人もいる。私は質の良い、魚のフレーク食品で何か月も養った。この方がドッグフードやキャットフードよりも囓りやすいし、特別な配分をされた昆虫餌よりも手に入れやすいからだ。

イギリスのバッキンガムシャー州にある害虫群研究所のK・P・F・ハスキンズは独自のワモンゴキブリの餌の作り方を発表している。それによると、オーツ麦を挽いたもの、小麦、魚粉、ドライイーストを九対九対一対一の割合で混ぜるとある。ハスキンズによれば、この餌は摂氏五〇度で一五時間滅菌してから使わなければならないという。

ゴキブリは水がなければ生きられないので、飼育器の中にはしっかりとした水源が不可欠である。しかし大きな水入れを入れておくと、残念ながら十中八九、溺れてしまうゴキブリが出てくるだろう。このため、簡単な水やりの仕掛けを作るか買うかしなければならない。いちばん簡単なのは、五センチ角ほどのスポンジを浅い皿か広口瓶の蓋に入れて水を注いでやることだ。同じくらい簡単な方法で、市販の小鳥用の水やり器の底に、ゴキブリが頭の水没するような水の中を歩いたりしないように小石を敷き詰めることができる。もっと進んだ方法は、プラスチック製の小さなペトリ皿の蓋に穴を開けて木綿の糸ようじを一巻き通し、皿の中に六センチほど残し、皿の外には一センチ半ほど突き出しておく。ペトリ皿に水を入れると木綿糸の毛管作用で水が伝わり、いつでもきれいな水が供給できることになる。三つのうちのどの装置を使うにしても、常に清潔にし、定期的に水を補充しなければならない。

観察の手助け

ゴキブリは一般的に昼間は隠れている方が好きだ。だからもしそういう時間帯にばかりゴキブリ類を見ているのであれば、それはおそらく間違いだろう。主な昆虫博物館では、来館者の多い時間帯にゴキブリが明るいところに出ているようにするために、あまり隠れるところのない飼育ケースの中に、かなり多めのゴキブリ類を詰め込んでいる。しかしながら、家で飼育する場合には十分な隠れ場所と十分な広さが必要だ。飼育ケースがうまくできたかどうかは、子供が産まれるかどうかでいちばん

ボシュロムの10倍の拡大鏡

よくわかる。その幼虫が成虫にまで成長したら、うまくできたのだと自信を持っていい。

夜間にペットを観察するには、いくぶん高価だが、照明付きのルーペが欠かせない。こうした器具の最たるものとしては、コディントン・マグニファイアー社の照明付きのもので、光学的に正確な、一〇倍のボシュロム社のレンズを通して光を当てる、電池式の製品もある。しかし、この値段（三〇ドル前後）は考えものである。もっと手頃なプラスチックレンズの製品ならば、一〇ドル以下でいくらでも手にはいる。

大量生産

合衆国の研究室では、毎年何百万匹というゴキブリが飼育されている。ペットとしてではなく生きた安全性テストの実験体として、公共・私企業いずれの研究機関でも、何百もの非日常的で時に残酷な方法で、実験にかけられる。

こういった実験のほとんどは生体解剖を伴う。手足の切断や大量の殺害は珍しいことではない。とはいえ、現在の神経生物学の多くはこうした実験のたまものなのだ。何千もの昆虫の死は、効果的なゴキブリの抑制法を開発するための我々のたゆまぬ努力を助けるものでもあるのだ。製品（長年使われて有効性の証明されたレイド社の殺虫剤など）の生産過程でのテスト用に標本を安定して確実に供給するために、S・C・ジョンソン社では一週間に八万匹以上ものゴキブリを育てている。この会社のウィスコンシン州の研究施設（レイド研究所と呼ばれている）では、専任のスタッフが、必要となる幼虫と成虫を同時に五、六百万匹育てている。S・C・ジョンソン社の職員は、それぞれ金網で蓋をした二五センチほどのプラスチックの飼育容器の中に、様々な成長段階のゴキブリを育てている。幼虫――一つの容器に五〇〇〇匹近く入っていて、いくつかの成長段階ごとに分けられている――は、マズーリ社の固形の粒餌と、滅菌のために家庭用漂白剤を一滴垂らした水が与えられる。

このようなぎゅうぎゅう詰めの住処では、ゴキブリどうしの共食いが問題になってくる。フロリダ州ゲインズヴィルにある、アメリカ農務省の医学・獣医学・昆虫学研究所は、実験用に飼っている群の九五パーセントもの量が、こういった内輪もめで失われていると推定した。しかし、一九九四年、網戸のついた飼育ケージを採用することでこの深刻な問題は解決された。この網戸の網の目は、一つのケージに四〇〇〇匹ほどいる雌の成虫が通り抜けるには細かすぎるが、生まれたばかりの幼虫が隣接したケージに逃げ込める大きさである。そちらの区画へ行けば、幼虫どうしが争うことはない。皆大きさも成長段階もいっしょだからだ。幼虫は自由に脱皮し、無事に――少なくとも、農務省の手によって科学という名の下に殺される日までは――成長する。

動物園、博物館のゴキブリ

ロンドン動物園などいくつかの大きな施設は、どういうわけか、見事なまでにゴキブリがはびこる

> トーマス・A・エジソンが特許を取った多くの発明の中には、ゴキブリを電気で殺す装置がある。

台所が呼び物になると思っていて、実際それは当たっている。ロンドン動物園ではたいへん生々しいワモンゴキブリの展示が、この歴史ある施設でも人気のあるアトラクションの一つになっている。ここでは、台所の流しを横から見たところが呼び物で、そこに汚れた深鍋、平鍋、皿といったものがあり、現実味を持たせるために、計算して置かれた小道具——台所用洗剤、牛乳パック、齧りかけのリンゴ——が置かれている。

昆虫飼育係のポール・アトキンは説明する。「クリスマスなどの特別なときには、それに合わせて展示を装飾する。ケージの照明を薄暗くし、ずんぐりとした大量のゴキブリの体と揺れる触角で、とても『雰囲気』があるように見える。さらに時には、変わり者の一、二匹が流しの周りを走り回っているのが見られる。この展示がされてからずっと、展示が同じだったことはないと思うとうれしくなる」。

本物のチャバネゴキブリがうようよしている台所の模型は、フィラデルフィアのスティーヴ・バグオフ駆除社のオーナーのスティーヴとカレンのケーニヤ夫妻が設立した昆虫館でも主要なアトラクションになっている。ケーニヤ夫妻は、人々が会社のウィンドウの「本日の収穫」——四〇リットルの容量の水槽で、中に見事なネズミや非常に大きなゴキブリが入っている——の前に足を止めて驚嘆しながら眺めているのを見て、昆虫博物館のアイデアを思いついたのだという。「人々は通りかかってその場にぴたりと立ち止まった。そしていつでも、もっと見たがった」とケーニヤ氏は言った。

彼らはそのもっとを見せた。ケーニヤ夫妻は一五万ドルを投資して店舗の上二階を改装し、一九九一年一月に昆虫館をオープンした。今や年間五万人以上の人が、ゴキブリばかりでなく、巨大なチャバネゴキブリ、タランチュラ、ゴライアスオオツノコガネ、その他の見事な節足動物の一大帝国を見たいがために、この斬新な施設を訪れる。

台所から解放されたゴキブリもいる。世界中の多くの博物館や動物園では草の生い茂ったジャングルのセットに入れられている。どくろゴキブリを含む数種は、近年いくつかの動物園が新設した、人気の——そしてタイムリーな——熱帯雨林の展示で、いつも観客を呼んでいる。シンシナティー動物園昆虫館の館長ランディー・モーガンは、とくに、模様のはっきりしたユーリコティスゴキブリ *Eurycotis decipiens* を自慢にしているし、シアトルの森林公園動物園では、マダガスカルゴキブリがいつでも人気である。ロサンジェルス郡立自然史博物館のラルフ・パーソンズ昆虫博物館を訪れたときにはワモンゴキブリを探してみるといい——展示されているものではなく、館内の化粧室におさまりかえっている、「野生の」ものである。

サンディエゴ野生動物園の蝶類園、ヒューストン自然科学博物館など、アメリカやカナダにあるいくつかの施設は、あらゆる種類の昆虫に対するちょっとした敬意を勝ち取る手助けをした。そのおかげで、将来的には、生きたゴキブリが博物館、動物園、野生動物園の中でいっそう目立った展示をされるようになるだろう。ここに書いたもの及び世界各地の生きているゴキブリの展示に関する情報は二九五頁にある。

ゴキブリコレクション

ゴキブリを保存食にしているのだと誤解されなければ、保存したゴキブリというのは多くの昆虫学者の標本棚に飾られる戦利品になっている。そして、こういった貴重品を手に入れるには多くのものはいらない——殺虫瓶、液体の防腐剤、それに入れ物といったものがあればよい。もしもっと目を引く展示をしたいとしても、虫ピンと発泡スチロールの標本台があれば十分である。

瓶

自分用の殺虫瓶を作るには、まず広口瓶の底に一、二センチほど焼き石膏を入れる。一晩おいて乾かし、それから瓶の底から三分の一に絶縁テープかガムテープを巻き、落としてしまったときに粉々になりにくいようにする。この瓶を使う直前に酢酸エチルかマニキュアの除光液を、焼き石膏に振りかけ、素早く蓋を閉める。ゴキブリを殺す混合ガスの効き目は数日間は残る。

混合ガス

昆虫を素早く窒息させることができて、なおかつ人にもまったく無害な物質は存在しない。いちばん害の少ないもの——酢酸エチルやマニキュアの除光液——でさえも、用心深く扱わなければならない。ガスを吸い込んだり服や手に液がつかないようにすること。悲惨な間違いを犯さないためにも、殺虫瓶のラベルにはひとこと「毒」と書いておくこと。

補助具

捕獲して殺した後、ゴキブリをどうしたらよいだろうか。いちばん簡単なのは保存用のしっかりと蓋をした瓶に死んだ標本を入れ、瓶のラベルに関係のある事項——属、種、採取日、採取場所など——を書き込めばいい。標本を台にとめるのはもっと手がかかるが、よりいっそうおもしろい結果が得られる。右の翅鞘の真中あたりから胴体を刺し通せば、一本のピンだけで十分とめられる。それ以外にも、固定した場所でゴキブリの翅が乾くよう、計算した場所に何本か刺す。並外れて大きな、あるいはたくましい標本は、厚紙で支えたり、もっとピンを刺す必要があるかもしれない。昆虫標本の作り方についての細々とした指示は、リック・イメスの『現場の昆虫学者』(*The Practical Entomologist*)に書かれている〔日本では安富和男編著『ゴキブリのはなし』(技報堂出版)がある〕。

11
ゴキブリを制圧できるか

ゴキブリの横行を防ぐ最古の方法は、エジプトの第一八王朝（紀元前一七五〇〜一三〇四年）の、二二メートルほどのパピルスの巻物『死者の書』に書かれている。この文書には、少なくとも二〇〇の呪文を表す象形文字が縦書きに並べられている。これらの呪文の大半は、死後の世界で死者の魂を救うためのものである。しかし、この世の今に力点を置く呪文も多い。その中の一つは、牡羊の頭を持ったクヌム神——太陽、人間、自分以外のエジプトの神々の創造者——が、ナイル川の神話上の源であるエレファンティン島にある彼の神の国の家を清めるために、最初に唱えたものだろうと言われている。

この呪文は、「私から離れよ、ああ、いまいましいゴキブリめ、私はクヌム神である」と表明している。この呪文は職務を執り行なう司祭が使っていたらしい。司祭は香を焚いてあたりを燻蒸消毒するよう命令され、彼らの職務の前に虫をすべて退治していた。

ゴキブリの絵は『死者の書』にはまったく残っていない。しかしこのパピルスには、スカラベ——エジプトの再生の象徴——の絵がたくさん登場する。呪文の中の象形文字が生命を得て歩き回り、魔力をだめにするかもしれないと、位の高い司祭や魔術師が恐れていたのかもしれない。又その一方、単に絵に書けるほどゴキブリがじっとしていてくれなかっただけなのかもしれない。ゴキブリにはたくさんの長所があるかもしれないが、忍耐を長所としているわけではない。

古えの教え

ゴキブリ退治のこつとして書き残されたものをもう一つ挙げる。トーマス・ムーフェットが書いた一六五八年の傑作『昆虫劇場』(*The Theater of Insects*)にあるもので、ギリシアの学者ディオパネスによるものとされる。

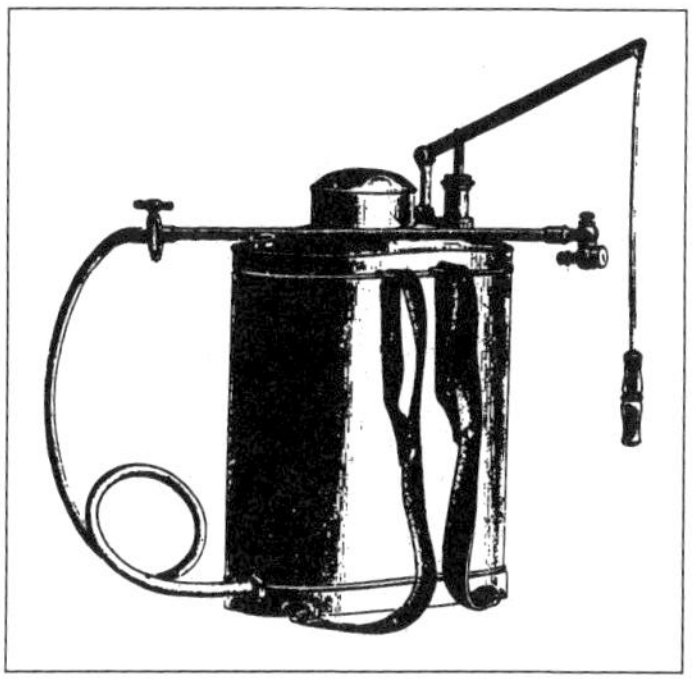

殺したばかりで糞がいっぱいある羊の腸を用意し、たくさんのモス〔ゴキブリ〕がいる地面にそれを埋めて、その上に土を軽く振っておく。二日後、ゴキブリはすべてそこに集まってくるだろう。それを別の場所に持っていこうと、再び這い出て来られないような場所に深く埋めてしまおうと、あとはお好みのまま。

イギリス人であるムーフェットは、ゴキブリに悩まされている人は「蚤ごろし」〔ヒメジョオンの類。蚤よけになると信じられていた〕をほんのひとつかみ少しまけば、ブラット〔ゴキブリ〕はそれに集まってくる」と唱えている。ムーフェットの当時の人々は、蚤ごろし

（「ゴキブリ草（ブラットハーブ）」とも呼ばれている）の他に、モウズイカ〔毛蕊花〕の一種である *Verbascum blattaria* の密集した銀色の葉も、強力な駆虫剤になると思っていた。

単純だが効果的な退治方法が、『チェイス博士の処方と家庭の医学第三――完全最終版』（*Dr. Chase's Third, Last, and Complete Receipt Book and Household Physician*）の記念版（一八八七年）に載っている。

> 投稿した人がゴキブリと呼んでおられて――名前が違っているのではないかと思いますが――退治したいとおっしゃる昆虫への対処法を示します。奥さんに夜遅く、すべすべしたぴかぴかの真鍮のやかんの中に桃を詰めてもらいます。もう遅いので朝までやかんを洗えないと言い聞かせます。そして、昆虫が横行する壁にやかんを寄せて置き、そのままにして休みます。朝見てみるとそのやかんの外側は新札のようにぴかぴかでも、底にはお腹をすかせた虫がいるでしょう。そこで、私が使った方法を取るのであれば、沸騰したお湯をたっぷりかけてやると、虫たちはまったく無害になります。私は桃のジュースよりも砂糖水の方が安いと思いましたので、以後はそれを使って同じ罠を仕掛け、無数にいた虫の最後の一匹まで捕まえました。

もっと手間がかからない方法はバーノン・ハーバーの方法である。これは、ミネソタ大学の農業試験所が一九一九年に出版した『ミネソタの害虫ゴキブリ、とくにチャバネゴキブリについて』（*Cockroach Pests of Minnesota with Special Reference to the German Cockroach*）に載っている。

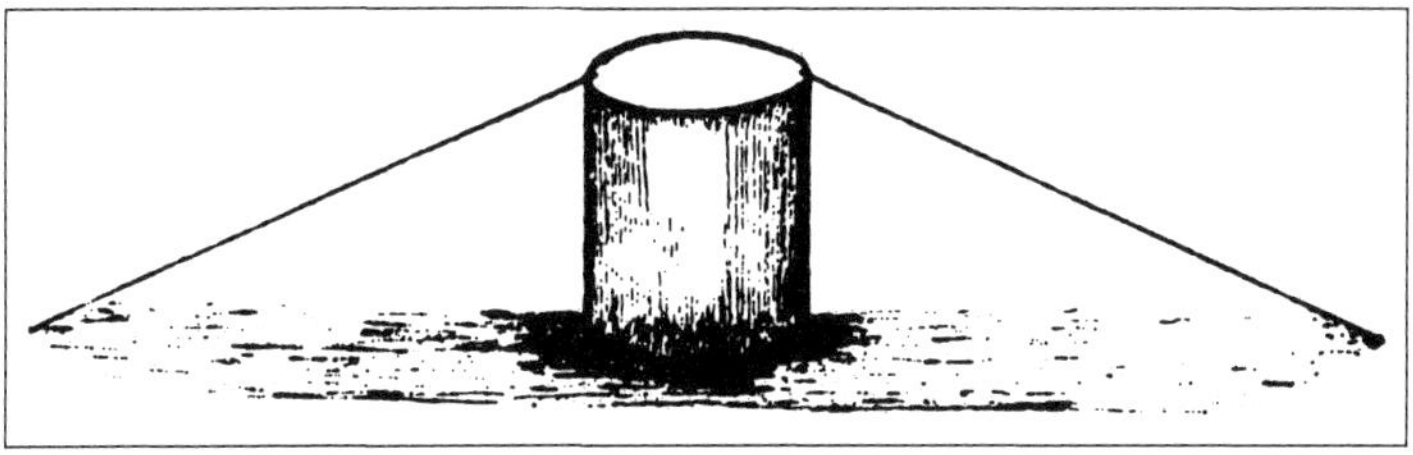

夜、汚水で湿らせた古着を、流し台あるいはゴキブリの通り道と隠れ場所の近くに置くこと。そして、部屋を暗くして放置する。三〇分か四五分たったあと、沸騰した熱湯をたっぷり持って戻り、古着にかける。こうすれば、服の折り目の間や下に隠れているたくさんのゴキブリを退治できる。再び服を罠に仕掛ける前に死んだゴキブリを集めて燃やすこと。

『アメリカ人の住居』(*The Living American House*)で、ジョージ・オーディッシュは、一八〇〇年代半ばの、ジョンソン式完全ゴキブリ罠という特許もとった仕掛けのことを書いている——「バランスを保った金属箔がゴキブリの重さで押され、容器の中に落ち、ゴキブリはそこから逃げられなくなる」。他にもいくつかの方法が、ヘリックの『家庭を害し、人を煩わせる昆虫』(*Insects Injurious to the Household and Annoying to Man*)に紹介されている。その一つは、単に傾いた道をつけただけの丸いブリキ缶の罠だ。もっと複雑だが「もっと役に立つ」もう一つの仕掛けは、「てっぺんに丸い穴が開いており、ガラス製の枠が付けられて、ゴキブリが逃げることができない小さな木箱」である。これらの罠に入れる囮について、ヘリックはこう書いている。

一般に、ゴキブリは気の抜けたビールが大好きで、特にイギリスではゴキブリを罠に掛けて溺れさせるためにこれを利用する。深い器なら何でもいい。ビールを少し注いで、棒を外側から瓶に立てかけて、ビールの真上へ突き出るまで曲げる。ゴキブリは棒を這い上がり、ビールの中へ落ちて溺れる。

ばかばかしい退治法

一八世紀から一九世紀、さらに二〇世紀の初めにかけて、斬新ではあるが効果のないゴキブリの退治方法がたくさんあった。たとえばフランク・カウアンが、一八六五年当時、想像によって実際に信じられていたことをまとめた奇妙な本、『昆虫の博物学における興味深い事実』(*Curious Facts in the History of Insects*)には、次の三つの異様な説が書かれている。

家からゴキブリを追い払うための、非常に一般的で迷信による方法が、今我が国で流行している。それはなんと、次の言葉あるいはこの趣旨を添えた手紙をこれらの害虫宛に送るということである。「ゴキブリよ、おまえはもう長いこと私を苦しめてくれた。今すぐに出ていき、隣の奴を苦しめてくれ」。この手紙を作法どおりに封をした後、ゴキブリが多く群がる場所に置かなければならない。また読みやすく書き、規則どおりに句読点を打つのも大事である。

ゴキブリを追い出すもう一つの方法は次のようなものである。ゴキブリを何匹か封筒に入れて、気づかれないように道に落とす。中のゴキブリはみんな封筒を見つけた人のところに行くことになる……

ゴキブリの前に鏡を立てると、ひどく怖がってその家から逃げ出す。

カウアンはなぜか、もっと奇妙な忠告を見落としていた。一九世紀にメキシコから来たある人は、ゴキブリにひどく苦しめられている人に言っている。「ゴキブリを三匹捕まえて瓶に入れ、交差点に持っていく。そこで瓶を逆さまにして持ち、ゴキブリが落ちたらミサで唱えるお祈りを三回、声に出して繰り返す。そうすれば、家にいる全てのゴキブリは三度の祈りが届いた時、逃げていく」。

ルーシー・クラウセンの『昆虫の事実と伝承』(*Insect Fact and Folklore*)で紹介されている別の方法は「封をした手紙」系の変種である。この案はマサチューセッツ州スプリングフィールドのものと言われているが、途方に暮れた人々にこう勧めている。「まずゴキブリを捕まえ、小銭を包んだ紙の中に入れ、その小包を受け取る人になら誰にでもあげる。するとゴキブリはその小包を受け取った人の家に移るだろう」。

一九八二年、『エロイーズからのヒント』*Hints from Heloise* の編集者は、このゴキブリの退治法を発表してから一週間もしないうちに、この本を求める読者から切手を貼った返信用封筒を四万通も受け取った。

船での対応

船にはびこるゴキブリの退治方法は、大がかりなわりには役に立たないことが多かった。ビクトリア朝時代のイギリスでは、商船のゴキブリを退治するには、すべての乗員乗客を避難させ、船倉に火を点けた硫黄をたくさん置き、二四時間出入口を閉めるという方法がよく用いられた。

別の船では、手で捕まえる方法が好まれた。第二次世界大戦前、日本海軍の水兵はゴキブリを三〇〇匹捕まえたら一日の上陸休暇を許可された。一六六一年のデンマーク海軍年報には、船の上での狩りの様子が載っていた。ゴキブリを一〇〇〇匹捕まえるごとに、報酬として、コックが鍵を掛けた食料貯蔵庫からブランデー一瓶をもらえた。また年報には、一回の船の捜査で約三二五〇〇匹のゴキブリが捕まったと載っている。結局三二瓶のブランデーが報酬として与えられたのだから、デンマークの船が針路をそれずに進むことは難しかっただろうということは言うまでもない。

雇われハリネズミ

ビングレーの二〇〇〇頁にも及ぶ一八六八年の論文、『ビングレー生物界誌』(*Bingley's History of Animated Nature*)には、ハリネズミの役割が綿密に記してある。

ある紳士がロンドンに持つ家の台所では、黒い甲虫(ブラックビートル)［トウヨウゴキブリとも呼ばれる］が横行しており、彼は台所にハリネズミを放すよう勧められた。そこで男は田舎にある彼の庭園で捕まえたハリネズミを持ち込んだ。……わずかの間に、ハリネズミはよく慣れて猫や犬を怖がらすことなく、誰の手からも餌を食べさえした。……ハリネズミはよく働くので、賄いつきで家におく値打ちは十分にあった。家にはほとんど一匹の甲虫もいなくなったのだ。またハリネズミは鼠も退治したらしい。

ビングレーによると、この称賛に値するハリネズミは縦型の籠で飼われていて、家族が寝ている時はゴキブリの横行する台所に置かれた。昆虫を食べる食生活は、毎晩、牛乳一皿とそれに浸したパンで補われた。そのような栄養のある献立のおかげで、ハリネズミは非常に太ってしまい、ビングレーによると、「しばらくすると、ハリネズミは収納室の戸の下を通るにも一苦労しなければならなかった」という。

何種類かのハリネズミは、今ではペットショップや外国産の動物を扱っている店で手に入る。その中でも、一五センチから二〇センチほどのアフリカ産のピグミーハリネズミがいちばん入手しやすい。ビングレーのヨーロッパ産のハリネズミと同じように、この種類は基本的に夜行性で、活動のピークが夜の九時から真夜中である。このため、アフリカ産のピグミーハリネズミは、ゴキブリと対戦して食べるという点ではうってつけだ。しかし書いておかねばならないことは、こういった外国産のハリネズミは、他のどの外国産のペットと同様、野放図に増える可能性があるということだ。もしこれらの持ち込まれた種類が逃げ出せば、定住して（好条件のもとで）急増し、その地方のハリネズミを力ずくで追い出してしまう。このため、ハリネズミの飼い主はペットに全責任を負わなければならず、そのように過って国内に持ち込むことのないようにしなければならない。

環境を変える

ゴキブリはただで手に入る天敵の食料だとは言えない。家から昆虫を追い出すためには、何度も「プロの殺し屋」を呼んで来なければならないこともあるからだ。しかし、建物からゴキブリの数を減らすために家でできることはたくさんある。この中で私の一番嫌いな方法——徹底した整理整頓——がゴキブリ退治に一番効果的であることがわかっている。

食べ物

ゴキブリの活力源は胃袋だ。だから手に入る食物の源をすべて取り除くこと。穀物などの乾燥食品は、ぴったりと蓋の閉まるプラスチックかガラス容器に入れて保管する。いかにもおいしそうな果物や飴の皿は覆ってしまうか、すべて片づけること。犬や猫の餌は、石鹸水を入れた別の浅い容器——ゴキブリはその堀を渡れない——の中に置く。

水

ゴキブリに手に入れられる水の源を絶てば、退治しようとしているゴキブリの死を促進することになる。明らかな配管の裂け目をすべて修理した後、なくすことができるもっと小さなゴキブリの憩いの場所を探すこと——栓をしてない流し台やバスタブの排水口、開けてはあるが完全に空になっていない飲み物の容器、冷蔵庫やエアコンの下にある水受け皿など。食器の水切り容器の水受け皿や水槽も忘れないこと。飲み水を一滴もなくすことで、少なくとも一匹の招かれざる客から逃れられるかもしれない。

ごみ

ごみの山はゴキブリにとって終夜営業の食堂になる。少なくとも、ゴキブリの栄養になりそうなものが入っているごみ容器にも蓋をすることを忘れないように。しかしもっといいのは、生ごみをすべて一つのごみ容器に入れて、新しく生ごみを入れるたびにその上におがくずを五センチほど敷く。それをすべて屋外へ出して、刈った草や藁や葉と混ぜる。するとそれは分解されて、庭用の良質の堆肥になる。

隠れ場所

ゴキブリのねぐらを取り除くこと。小さな幼虫ほどの大きさの割れ目は、ペンキを厚く塗って塞ぎ、大きい割れ目には槇皮(まいはだ)かパテを詰める必要がある。配管や給水管の割れ目にスチールウールを詰め込むと、「開けゴマ」効果——温まったり冷えたりした時に、割れ目が大きくなったり小さくなったりすること——を埋めてくれる。隠れ場所を塞いでしまう前に、卵や糞を取り除くために隠れ場所を掃除機で掃除して、洗い流しておくこと。

温度

ゴキブリを凍えさせよう。アパートや家屋の室内温度を下げるだけで、ゴキブリの成長率を遅らせ、卵の保有期間を延ばすことができる。暖房設備を完全に切ってしまえば、戦うべきゴキブリの数はずっと少なくなるだろう。チャールズ・L・マラットは、一八九四年のフロリダでのある異常な冬について、こう書いている。その冬には「非常にうまく身を守ったわずかのゴキブリ以外は、家の中のゴキブリまでもすべて死んでしまった」。氷点下の温度に長くさらされて生き延びることができるゴキブリは少ない。

屋外

屋内のゴキブリの数を減らすための同じルールが、家の近くにいる屋外のゴキブリ退治にも当てはまる。水と食物の源を押さえることと、人間の力でできる限りたくさんの隠れ場所を叩くことは、やはり重要である。野外の植木から落ちて積もった木のくずなどの堆積物を片づけて、さらに家の壁や土台にあるどの抜け道も覆う必要があるかもしれない。ハワイ・コーペラティヴ・エクステンション・サービスは、大繁殖するパシフィックビートルゴキブリを退治するために、灌木の幹に市販の殺虫剤ダイアジノンを、乳化する二五パーセントの濃縮液で用意し、水四リットルにつきティースプーン一杯の割合で混ぜて散布するよう勧めている。

捕獲器をいくつか試す

粘着性の捕獲器はいろいろな種類のものが雑貨屋などで売られている。たいていは厚紙でできていて、長方形の箱型か三角形の筒型で両端が開いている。内部の表面は粘着性の接着剤で覆われ、小さくて細長い匂いつきの囮がついた捕獲器もある。かなり普及している既製品の捕獲器の一種である『ローチ・モーテル』の広告は、「ゴキブリはチェックインできてもチェックアウトできない」と宣伝している。

見てくれのいい、囮つきの捕獲器は比較的高いので、値段を考えると囮なしのほうがいいかもしれない。これらの安い捕獲器の内側に、バナナエキスを二、三滴垂らせば、引きつけられるゴキブリも多くなるだろう。もっと安くあげたいなら、ベビーフードなどの食品を入れる瓶による捕獲器でも屋内ではうまくいく。屋内に配置するには、瓶の内側を暗くするために外側を黒く塗るか紙を巻いておくこと。

「好条件の下でそれ［チャバネゴキブリ］が大繁殖している証拠として、一八九〇年にある人がテレホート市の一流ホテルの厨房で、一〇分もかからない間に三〇匹以上の成虫と、少なくともその半分の数の幼虫を捕まえてくれたと言えばいいかもしれない」――W・S・ブラッチュリー、『北東アメリカの直翅目――とくにインディアナ州とフロリダ州の動物群』*Orthoptera of Northern America, With Special Reference to the Faunas of Indiana and Florida*（一九二〇年）

	G	B	O	A	S	備考
D-Con	1	2	1	3	3	餌は砂糖水
Holliday Roach Coach	2	1	1	2	2	使用者が置いた餌の包み
Mr. Sticky	2	3	2	3	4	餌なし
Raid Roach Traps	1	2	1	1	1	誘因物質

G＝チャバネ、B＝チャオビ、O＝トウヨウ、A＝ワモン、S＝クロ
1＝最高、4＝最低

瓶詰用瓶の捕獲器は、店で買った粘着性の物とほとんど同じくらい効果がある。一九八〇年に、バージニア工科大学の昆中学者メアリー・H・ロスは、大量生産されている「ローテル」という捕獲器と、手作りの瓶製捕獲器の性能を比較した。どちらもだいたい同じ数の成虫と段階の進んだ幼虫を捕まえることがわかった。しかし、ローテルは若い幼虫を捕まえることには断然優れていた。若い幼虫は、瓶詰食品用の瓶という山の滑りやすい表面をよじ登ることができないのかもしれない。二週間の実験が終わって、一つのローテルは計三六四匹のチャバネゴキブリ——瓶製捕獲器より一〇三匹多い——を捕まえた。

いい捕獲器を二四時間にわたって置いても、ふつうは、いろいろな発達段階のゴキブリが少しかかるだけである。しかし、適切な捕獲器を適切な場所に置くと、一晩でこの詮索好きの虫を五〇匹以上捕まえることができる。ローチモーテルに「満室」の灯りがともるというのも気持ちのいいものではない。二、三日たつとゴキブリの死骸は増えて、新たに引き寄せられたゴキブリは中に入ることも近くで待っていることもできず、従って捕獲器は全体として効力を失っていく。捕獲器にたくさんのゴキブリがかかるからといって、自信を持ちすぎてはいけない。捕獲器がゴキブリを捕まえても、出番を待っている何十匹もの代わりのゴキブリがいるだろう。

店頭で販売されている捕獲器はどれも、「五大」害虫ゴキブリ——チャバネゴ

ゴキブリの種		G	B	O	A	S
1日あたりの平均捕獲数	──あまりいない家	5	3	1	1	1
	中程度の家	5-20	3-10	1-10	1-10	1-10
	はびこっている家	20-100	10-50	10-25	10-25	10-25

G＝チャバネ、B＝チャオビ、O＝トウヨウ、A＝ワモン、S＝クロ
ランカスター郡（ネブラスカ州）コーペラティヴ・エクステンション発行の「ゴキブリ駆除マニュアル」をもとに作成

キブリ、チャオビゴキブリ、トウヨウゴキブリ、ワモンゴキブリ、クロゴキブリ──に対して同じ効果をもっているわけではない。一九八三年にW・S・ムーアとT・A・グラノフスキーは四つのメーカーのゴキブリ捕獲器を検討した。

粘着性あるいは瓶製の捕獲器を適所に仕掛けることが、捕獲高を上げる決め手となる。ゴキブリは決まって温かくて、時には湿った場所に集まるので、捕獲器をそういったところから一・五メートル以内に置かなければならない。ゴキブリは隠れ場所の外では、開けた場所を避ける習性があり、たいてい屋内空間の壁ぎわをうろつく。活動中のゴキブリを捕まえるには、部屋の角から六〇センチから九〇センチほど離れた室内の壁沿いに捕獲器をいくつか置くこと。そうすればゴキブリは捕獲器に行き当たるはずだ。高さを変えていくつかの捕獲器を仕掛けることを忘れてはいけない。チャオビゴキブリなど数種の温かいところを好むゴキブリは、棚や額に入った絵の後ろ、カーテンの上部のひだで発見されることが多い。

「ゴキブリを引きつけるもの」や設置場所を考えなければ、どの粘着性の捕獲器も屋内からすべてのゴキブリを退治することはできないだろう。しかし捕まえたゴキブリの数を定期的に数えることで、捕獲器から得たデータを利用して、ゴキブリの数の移り変わりと散布のしかたを見極める──そしてこの室内の害虫との戦いに勝っているのか負けているのかをはっきりさせる──ことができる。

ヤモリは、カリブ海地方ではそれを信仰する集団がいるし、ハワイではトーテムに近い地位をもっていて（そこではヤモリを傷つけることはタブーと考えられている）、ヤモリはすぐに家をもつ人々のお気に入りのゴキブリとりになった。尾を含めると体長一八センチ程になり、かなり魅力的な（砂色の体は波うつチョコレート色の縞模様で飾られている）アフリカ産のイエヤモリは、単独で隠密行動をしている。夜に狩りをし、日中はたいてい戸棚の上の方の棚、冷蔵庫の後ろ、その他の温かくて安全な人のあまり来ないところに身を隠す。

ヤモリは壁をするすると這い上がり、天井を横切る。この芸当ができるのは、爪先の肉趾（にくし）のおかげだ。肉趾には吸盤だけでなく、顕微鏡でしか見えないマジックテープのような数列の爪がついている。この爪は、大きさにかかわらず、でこぼこの表面に張りつくことができ、ガラスの面にさえはりつく。ケネス・ペトレンとテッド・J・ケースは、「ナチュラル・ヒストリー」誌で、「獲物に忍び寄る小さな虎のように、歩いているところが何だろうとそこに体をぴったりと押しつけたまま、ヤモリは這って進む。そして最後に飛びかかり、あごでぱくっとやって狩りを完了する」と書いている。物静かだがきわめて効果的なヤモリを飼っている人からの報告は、実に印象深い。その著者は、ゴキブリが退治された後、なんと、家にコオロギを放さなければならなかった――ヤモリの餌として――という人と何人か話をしている。

六五〇種のヤモリはすべて変温動物（冷血動物）なので、太陽から熱を取り入れている。体の大きい種類の方が取り込む熱が多く、それを長い間保つことができ、温暖な地域での家やアパートの生活の方に適している。これは、イエヤモリよりずっと大きいオオイエヤモリにとっては、いちばんのセールスポイントである。残念なことに、この明るい赤紫色の種類はかなり目立ちたがりでもあり、大きなしわがれ声（小さなプードルと同じくらい）をしていて、指にかみつくので、当然評判が悪い。

ヤモリも北アメリカ原産ではないので、室内で飼うために手に入れる前に、過って国内に持ち込んだ場合の結果をもう一度考えなければならない。逃亡したヤモリにとっては最適の環境であるフロリダ州、テキサス州、その他の南海岸の州では特にそうだ。ハワイでは、外国産のイエヤモリが、それほどたくましくない地元のヤモリを駆逐しはじめている――以前はフィジーでも同様のことがあった。

嫌いな草

最近は化学的方法ではなく「グリーンな」方法に再び関心が高まったことで、ハーブを使った退治法が、新たな関心を呼んだ。レモングラス、ペパーミント、バジル、ラベンダー、シトロネラ、アンゼリカなど、いくつかの植物のエキスは、ゴキブリの餌を探すパターンを抑制すると言われている。これらのハーブでできた製品は、「エッセンシャルオイル」として健康食品の店や通信販売で売られており、コットンにしみ込ませて、部屋の隅や隙間に詰めておける。『ハーブを使った昆虫のいない家』（*The Insect Free Herbal Household*）では、〇・五リットルほどのお湯にエキスを四滴垂らして薄め、ゴキブリが好んで這いまわる場所に散布するよう勧めている。

科学界の記録では驚くほど問題にされていないが、口伝えの方は、一般に、そういった薬草による方法を支持している。エッセンシャルオイルはせいぜい一時的なバリケードになるだけかもしれず、ゴキブリは外へ出る新しい道を探すと信じている研究者もいる。結局、害虫が部屋にある見慣れないものや今までと違った匂いに慣れてしまうと、植物を使ってゴキブリを駆除する方法は、もっと伝統的で科学的な退治法を取り入れることが必要となるのかもしれない。

効力は別にして、植物から取ったものの多くは高価である。たとえばシトロネラから取ったエッセンシャルオイルは三〇ccほどが一五ドルで売られている。スイートバジルのエッセンシャルオイルは、その二倍もする。どちらも広い面積のところに撒くには、あまりにも高すぎるかもしれない。しかし、植物を用いた方法は、その心地よい香りと水質と土壌にわずかしか影響を与えないことで、喜ばれるゴキブリ退治法となっている。

今いちばん流行っているハーブを使った駆虫剤は、オセージオレンジの木になる黄緑色の実だ。グレープフルーツほどの大きさのこの皮の厚い実は、ゴキブリを追い払う不思議な匂いを出すと言われている。たくさんの人がベッドや収納室、台所の流しの下にある戸棚にこの実を置いて、ゴキブリに勝ったと宣言している。

ニューヨークに住んでいる人は、地元の大きなオセージオレンジの木をねらっている。セントラルパークにあるウルマン・スケートリンクのすぐ西、ドリプロックアーチの近くには、一五メートルほどの立派なオセージオレンジの木が生えている。ある女性は、「ゴキブリよけになる実が落ちていないかと先週わざわざ探しに行ってみたが、地面はすでに掃除してあり、なっているわずかの実は高すぎて取れなかった」と「ニューヨークタイムズ」紙でこぼしている。

花を一輪

植物はある理由のために毒素を作る——動物に食べられないためである。人間は何世紀もの間この毒を集め続け、天然の殺虫剤を作るために液体と粉末の中に駆虫剤成分を濃縮した。ゴキブリにいちばん効果があるのは、低木に似た除虫菊の、ひな菊のような小さな花から取ったピレトリンだ。この商業的にも価値のある植物は、西アフリカ、中央アフリカ、ブラジル、エクアドルなど、日光が降り注ぐ地域で栽培されている。

中央カリフォルニアでは、ビューハック・プランテーションが、一八七一年から除虫菊を栽培し始

本家
ビューハック
特許局登録商標
カリフォルニアの
信頼できる
殺虫剤
ビューハック

めた。ピレトリンを多く含むビューハックの粉は、もともとは一八七六年のアラスカのゴールドラッシュの間に、血に飢えたクロンダイクの蚊を退治するために山師たちに売られていた。しかし、つかのまの「黄金熱」の流行の後でも、新しい多目的殺虫剤を求める声が強く、その後何十年にもわたり、いろいろな分野の関心を引いていた。一八九一年に出た、クラレンス・M・ウィードの『昆虫と殺虫剤』(*Insects and Insecticides*)には、ビューハックの使い方が書かれている。

日が落ちる直前、ゴキブリの横行する部屋に行って、すべての裂け目と壁の下の幅木の下、戸棚や古い家具の抽出や隙間——本当に隙間はあちこちにある——の中に殺虫剤を散布する。そうすれば、朝には死んだり死にかけているゴキブリ、あるいは正気を失ったり麻痺したゴキブリが床いっぱいになっているだろう。それらは簡単に掃き集めることができるし、集めて燃やしてしまうこともできる。この方法は清潔で持続性もあるので、害虫を根こそぎ家から追い出すかもしれないし、外からやって来たゴキブリを決して家に住みつかせないはずだ。

脊椎動物に比較的害がないが(特に低い濃度で使われる時)、ピレトリンの粉には副作用がないわけではない。低い濃度でも、それにさらされるとアレルギー反応を起こす人もいる。それにもかかわらず、ピレトリンが最近だんだん人気が出てきたのは、おそらく合成の殺虫剤に多くの種類の害虫が抵抗力を持つようになったからだ。ビューハック社は、一九八一年に再建され、好調な商売を続けており、明るい黄色の缶に入った「カリフォルニアの信頼できる殺虫剤」を昔からの製法——一〇〇パーセント粉末除虫菊——で供給している。

毒入りの餌

ボルジア家を待つまでもなく、相手の好きな食べ物や飲み物の中に致死量の毒を入れるという策略は昔からあった。その方法は、死を招く物質の苦みが隠されれば、今でもゴキブリによく効く。齧歯類などのいわゆる「高等な」生物とは違い、ゴキブリは何でも、摂取する前に口部で試食する。化学物質で汚染されたものは、ほんのわずかでも口にすることはないだろう。このため、毒には巧妙な味をほどこし、ほんのわずかしか入れてはいけない。味と同じく、毒の入れ方も重要である。効果を上げるために、また毒はおいしそうに見えるものでなければならない——ゴキブリが、まわりにある他のたくさんのごちそうよりも、こちらを選びたくなるほどのおいしさである。

ゴキブリ退治にいちばん効く方法は、わずかの遅効性の毒をゴキブリが好んで寄ってくる何種類かの食品に混ぜることだ。初期の製法は、天然資源（ニガヨモギやドクニンジンなど）から取った毒素とベーコンの油、糖蜜、糟といった、おいしい餌とを混ぜていた。団子状か塊にして、このペロペロキャンディーを、ゴキブリがはびこる家のいろいろな場所に置く。後の餌には白い砒素とリン酸塩の練り粉が入っていたが、そういった原料はゴキブリだけでなく、偶然飲み込んだ小さな子供や家で飼っているペットまで殺してしまった。

今日、比較的安全でおいしい毒入りの餌が、コンバットやマックスフォースのようなゴキブリ捕獲器という形で手に入る。どちらの製品にも入っている有効成分は、ヒドラメチルノンという胃に効く目立たない毒であり、非常に低い濃度で、食後二日から四日で昆虫をゆっくりと死に至らせる。餌は主に、甘くするために様々な糖を混ぜたコーンシロップだ。これらのプラスチック製品は子供とペットに安全なゴキブリ捕獲器と認められており、害虫ゴキブリとの戦いの中でもより効果的で環境に優しい方法だ。

抵抗力のあるゴキブリ

一九八三年には味が問題になった。コンバットは、数か月間ゴキブリ殺しとしてよく売れたが、勢いが落ちはじめた。ゴキブリが賢くなって毒の存在に気づいたわけではなかった。そうではなくて、ゴキブリは餌の味が嫌いになったのだ。

おそらく、コンバットがゴキブリを引きつけるために使っている主な原料の一つであるぶどう糖が嫌いなゴキブリが、わずかながらずっといたのだろう。そのゴキブリたちはコンバットを避けて通っていて生き残り、同じようなぶどう糖を嫌う子供を生んだ。ぶどう糖嫌いでないゴキブリは、毒餌を食べて子孫を残さずに死んでいった。いずれは、ぶどう糖嫌いのゴキブリだけになって、コンバットにはそっぽを向くことになる。ぶどう糖の代わりに純果糖を使うだけで、コンバットがゴキブリを殺す率を上げることができた。コンバットは、ゴキブリの変わりやすい好みに応じて、何度も変わっていくだろう。

ぶどう糖嫌いが、世代から世代へと遺伝されうるように、ゴキブリはいろいろな形式の殺虫剤に対する抵抗も受け継ぐことができる。そうなるためには、一部のゴキブリがある処方に対する抵抗を強めることが必要だ。この一部のグループから、一種類あるいはそれ以上の、普通なら死に至る化学物質に、びくともしない完全な抵抗力を持ったゴキブリが現れることがある。

粉には粉を

一世紀以上も使用されてきた硼酸と硼酸塩は、長い期間使用できるため、今でももっとも費用効率のよいゴキブリ退治法だ。そしてそれらは、人とペットには最も安全であると広く信じられている。ではなぜ、多くの害虫退治の専門家はそれらを使おうとしないのだろう。

「専門家が硼酸と硼酸塩を使おうとしないのは、硼酸が一般的に粉末で使用されるという事実のためであると説明されることが多い。そして、ほとんどの害虫駆除業者は、粉末を使った経験も粉末に適応した装備もほとんどない。業者は、従来からなじんでいる液体やエアゾール方式の殺虫剤と比べて、

3つの大学のテストでナンバーワン
特許
ゴキブリプルーフ
無香料・無着色粉末
注意——お子さまの手の届かないところに保管してください

粉末の方法は汚く時間の無駄だと考えている」のではないか。こう言っているのは、『ゴキブリ退治──いちばん毒の少ない方法』（*Managing Cockroaches──The Least Toxic Way*）の著者である。

害虫駆除業者はまた、硼酸が遅効性であるために使いたがらないのかもしれない。ゴキブリは羽づくろいの間にこの真白の粉を摂取するか、体の表皮にある小さな気孔から吸収しなければならない。十分な毒が内臓に蓄積されゴキブリが死ぬまでに、一週間から二週間かかる。これではすぐに結果を欲しがる消費者を満足させることはできないだろう。

硼酸は粉末、錠剤、水溶液、エアゾールといったいろいろな形になる。食べ物に軽く塩を振るように、薄く粉で覆うように粉末の硼酸を適切な箇所の表面にかけること。天花粉のような物質を裂け目や割れ目にまぶすためには、ゴムの取手のついたふるいか、プラスチックのケチャップ容器が適している。もしこういった道具がなければ、封をした封筒に少量の硼酸の粉を入れて、一つの角に小さな穴を開け、少量の硼酸の粉を押し出すために側面をそっと絞ればいい。

別の二つの粉末──シリカゲルと珪藻土──も一般的に家のまわりに使われている。硼酸と違って、これらは効力を発揮するために摂取される必要はない。というよりもむしろ、これらのぎざぎざの粒子はゴキブリのワックス層に押し入って、通常は何も通さない表面に小さな傷をつける。傷は感染と脱水の原因となり、傷を負ったゴキブリは、病気か乾燥のため、数日後に死に至る。

もっとキツイもの

アメリカでは、ゴキブリを退治するための殺虫剤に毎年五〇〇万ドル近くも使われていると推定されており、アメリカ人は、銃をやたらに撃ちたがるのと同様、エアゾールもふりたがることを示している。そのような化学物質に強く依存する体質は、野心的とはいえ、大げさな宣伝広告によって養われたものだ。広告では、しばしばゴキブリに毒を盛ることは経済的で、安全で、端的に言って楽しいものとして描かれている。真実に直面するのは、店頭で売られているほとんどの殺虫剤スプレーに貼ってあるラベルを読む時だけらしい。

飲み込んだり、吸い込んだり、皮膚を通して吸収すると有害です。気体やスプレーの霧を吸い込まないでください。目、皮膚、衣服に着かないようにしてください。食物や食料品、飲料水にスプレーがかからないようにしてください。本製品がかかった場合には、食物のかかったところを石鹸でよく洗ってください。スプレーが乾くまで、子供やペットにその面を触らせないでください。ペットを移動させ、魚の鉢（水槽）は覆ってから、スプレーしてください。食品製造工場、レストランなど、営業目的で食物を調理する場所では、本製品を使わないでください。万一飲み込んだ場合は吐かせないこと。すぐに医師の治療を受けさせて下さい。もし吸い込んだら汚染された大気から離れてください。必要な場合は人工呼吸や酸素吸入を行なってください。この製品は魚、鳥、他の野性動物に有毒です。直接水に向けてスプレーしないでください。備品を掃除したり、廃物を処理することで、水を汚染しないでください。

害虫でさえ複雑な生態系の要素であるから、彼らを絶滅させようとすれば、他の多くの生物に影響を与えるだろう。無差別に殺虫剤を使用して犠牲になった罪のない生物の中には、家や庭をきれいにする蜘蛛やムカデといった多くの益虫も含まれている。ダニ、アリマキなど、農業と家に深刻な被害を与える害虫をくい止めるこの益虫がいなくなれば、しばしば、もっと強力な化学的な駆除法が必要とされることになる。

多くの殺虫剤は、直接殺虫剤を使った部分の外で、もっと重大な問題を引き起こしている。鳥やその他の動物がこれらの合成物によって死に至った昆虫の汚染された死骸を食べると、彼らも致死性の化学物質が効いて犠牲となることがある。殺虫剤の中には、自然環境に非常に長い間残るものもある。野性生物への影響のため一九六〇年代に禁止されたＤＤＴは、まだ、アメリカ中の土壌と水源からその残留物が発見されている。それほど注目されていない有害な殺虫剤（フェニトロチオン、ベンディオカルブ、ｄ－テトラメトリンといった、『博士の異常な愛情』もどきの不気味な名前）の混合した影響は、もっともっと十分に理解されなければならない。

謎の死のポーズ

ゴキブリが倒れて死んでいる時、なぜいつも仰向けなのか。真実を明らかにする新聞のコラム「内輪の話」(*Straight Dope*) の著者セシル・アダムスが最初に出したこの疑問には、よく考えて詳しく答えるに値する。アダムスによると、仰向けで死んでいる理由の一つは、ゴキブリが壁を登っている最中に心臓麻痺に襲われるのではないかというものだ。「ゴキブリがなぜか死んで地面に向かって落ちるところを想像してみればいい」と、彼はあるコラムに書いている。ゴキブリの体――「背中あるいは翅のある側は平坦で、前部あるいは足のある側はでこぼこ」――は、ちゃんと空気力学にそって、死んだ昆虫は仰向けになることが多いのだろう。

また、問題のゴキブリは効き目が強い神経毒を食べた後、死んだのかもしれない。この神経毒によってゴキブリは「ぴくぴく動きまくって」、うっかり仰向けにひっくり返り、そこでただ「どうしようもなくじたばたして、死を迎える」のだとアダムスは説明している。

三つ目の案としては、ゴキブリは干からびて腹這いになって死んだのかもしれない。空洞の殻にすぎない死骸は、そよ風に吹かれて簡単に仰向けにひっくり返るだろう。

昆虫学者マイケル・ラストにも、この三つの可能性はもっともらしく思えたが、彼はすぐに、ゴキブリが心臓麻痺を起こすはずがないと補足している。また、ゴキブリはいつも仰向けに死ぬわけではないとも注意している。硼酸や毒入りの囮でしばしば引き起こされる時のようにゆっくりと死ぬ時は、傷ついた虫は隠れ場所に這い戻って最後に、生きているような腹這いの姿勢を取ることもある。もち

> 殺虫剤を使用する業者の用語では、毒を盛られたゴキブリがぴくぴく動きだした時は「ノックダウン」時点と呼ばれる。「不可逆的ノックダウン」は、ゴキブリがじたばたせずに二、三分仰向けになったままの状態でいて、その後死ぬという時点のことだ。

ろん、この姿勢で死んだゴキブリの死骸を人が見つけることは少ないだろう。

新兵器

ゴキブリを退治するために、この一五年で、少なくとも一二の新しい技術が発明された。いちばん新しい発見は、*Bacillus Thringensis*（BT菌とも）という新種の細菌である。これはすでに知られている庭の害虫駆除に使われている細菌を遺伝子操作して作ったものだ。この細菌をはじめ、ゴキブリ退治の道具に新たに加えられたものはどれも、マスコミには熱狂的に歓迎されている。喜んで仕掛けに加えられるものもある一方で、野外試験で数か月試された後、スクラップの山に直行したものもある。

殺虫かび

一九九三年に完成したバイオパスという商品名のゴキブリ捕獲器は、餌を入れた黒いプラスチックの捕獲器にゴキブリをおびき寄せる。そこでゴキブリは *Metarhizium anisopilae* というかびを肩にすり込まれる。このカビは、直接付着するとゴキブリの表皮を弱める酵素を出し、根のような形の菌糸を食い込ませる。今やゴキブリはカビの餌食となり、二週間もするとゴキブリの内臓は破壊される。その間ずっとゴキブリは隠れ場所にいる仲間にカビの胞子を広め、やがてその仲間たちも同じように死ぬことになる。

死をもたらす虫

未来派風の商標――いくつか名前を上げるとバイオセイフN、バイオベクター、ヘリックス、マグネット――のついた、いろいろな線虫類を詰めたゴキブリ捕獲器も、やはり潜行型である。この製品に入ったゴキブリに小さな回虫がつく。これらの体内に住む寄生虫は、ゴキブリの肛門や気門から徐々に入り込む。寄生虫はゴキブリの内臓を虫の餌に変えるバクテリアを植えつける。予備的な実地

1934年、スペインで、ロペ・デ・ベガの没後300年を記念する切手セットが発行された。そのうち2枚の切手には、偉大な作家の肖像画が印刷されていた。もう1枚は静物画で、これはベガの蔵書表から取ったものだと言われた。それは死んだゴキブリの絵で、仰向けになっている――デ・ベガの批判的精神の一部を象徴しているものだ。記事にはそう書かれている。

フロリダに住むリチャード・ディカーソンは、アパートのゴキブリを退治するために、九つの殺虫剤を噴霧した。しかし、部屋を出る時にストーブの種火を消し忘れた。その結果爆発が起きて、天井は落ち、壁はへこみ、窓は粉々になった。「本人が考えていた以上にずっと威力があった」と、マイアミビーチ消防署のトム・ハーストは語った。

試験では線虫を入れたゴキブリ捕獲器が、ヒドラメチルノンの餌つき捕獲器と同じくらい効果的であることが確かになった。しかし、詰められた線虫の貯蔵寿命に限りがあるため（一年）、この有望な技術は大量生産できなかった。

ハイテク装置

エレクトロニクス装置がゴキブリの集団にマイナスの影響を与えることをうかがわせるような証拠はない。一九八三年にネブラスカ大学の昆虫学者チームが進めた四つの超音波のゴキブリ捕獲器の評価は、「音が木製のドア、戸棚、漆喰の壁（そして駆除する害虫）に強い衝撃を与えると広告は宣伝しているが、これはひどく誇張されていると考えるべきだ」という結果に終わった。アメリカ環境保護機関（EPA）の依頼で進められた別の実験では、なんとゴキブリが、このゆっくりと効いているように見えるが、他の点では価値のない黒い箱の一つに住み着いてしまった。

一九七九年一月から一九八〇年一〇月まで、EPAは電磁気を使ったゴキブリ捕獲器の生産業者と卸売業者に対し、合計三六件の行政監査を行なった。その結果、民事訴訟六件、「販売・使用中止もしくは撤去」命令二一件、回収八件、賠償金一件——「エリミネーター」と呼ばれている装置の生産業者であるモンティーズ環境施設株式会社に対し、一二五〇ドルの支払いが命じられた——となった。「一分毎に一匹生まれている」(だまされやすい人が。ゴキブリではない)という想定のもとで、ずうずうしい業者は、どれもこれも役に立たないエレクトロニクスのがらくたを製造し、販売し続けている。

IGRS

昆虫成長制御剤(IGRS)は、実験室で作られた合成物で、ゴキブリがそれを食べるとゴキブリの成長ホルモンと生殖ホルモンの製造が阻害される。現在二種類が使われているが、そのうちの一種類である幼若ホルモン様物質(ジュヴノイドともいう)だけがアメリカで市販されている。キチン合成抑制物質と呼ばれているもう一種類は、販売用としてはまだ不完全である。ジュヴノイドを与えられたゴキブリの幼虫は、「未熟成虫」——翅がねじれたり縮んでいたりしており、外皮も通常よりも濃い色をしているといった、著しい奇形のある中間の姿——に成長する。未熟成虫は求愛行動のすべてを経験することができるが、かわいそうなことに、もうその行動を完遂することができない。

忘れられた退治法

一九八〇年に、ドナルド・コクラン博士とメアリー・ロス博士は、ゴキブリの横行をくい止めるための有望な方法を発表した。最初、彼らは実験室で飼っているチャバネゴキブリに高レベルのガンマ線を当て、ゴキブリの卵子と精子にある遺伝物質に損傷を与えた。その次にこれらのゴキブリと突然変異の子供を交配させた。この組み合わせから生殖器官に欠陥のある雄が何匹か生まれた。そして、これらの雄を健康なゴキブリの群れに放した。生殖器官に欠陥のある雄とつがいになった雌は、欠陥のある胎児の入った卵鞘を生んだ。どの群れの欠陥のある胎児も弱すぎて、卵鞘の縫い目を裂くことができず、孵る前に死んでしまった。

彼らが新たに開発した方法を試すために、二人の科学者はバージニア州のノーフォーク市で、折しも乾ドックに入っていたゴキブリの横行しているアメリカ海軍の軍艦に、生殖器官に欠陥のある雄を三群（合計四二四匹）放した。これらの雄は船に住む野性の雌と交配し、四か月半の間に突然変異の遺伝子でゴキブリの個体数に悪影響を与えた。この間ずっと、チャバネゴキブリの個体数は船のほとんどの部分で減少した。

コクランとロスはその結果に対し、慎重でもあり楽天的でもあった。彼らは連邦政府の農務省が、すでにラセンウジバエの駆除にこれとよく似た方法を試みていたことを知っていた。広大な地域に生殖器官に欠陥のあるラセンウジバエの雄を何百万匹も放すことで、農務省の専門家は、北アメリカのほとんどすべての部分から問題になっている家畜の寄生虫を駆除することに成功していた。同じような大がかりな計画が世界中に広まったチャバネゴキブリの個体数を減らすことにつながりうるのか。

我々には決してわからないのかもしれない。コクランによると、家主やレストランの経営者の中で、彼らの建物にさらにゴキブリ――この特定の場合には、九倍もの数の、特殊な血統の雄――を放すことに賛成する人は、ほとんどいないだろう。その結果、初めにバージニア州ノーフォーク市で乾ドックに入っていた船で試され成功した方法も、陸上で試す機会は一度も与えられないかもしれない。

核兵器を使う手

ターミネーターなみの強さとマルサなみのしつこさを持った生物に、小さくて、しばしば無駄になる爆弾を投下することになぜ悩むのか。きっぱり退治するほうがいいのではないか。手にしているものすべてを投入して、ちゃんと制御された核攻撃をすればいいのではないか。

従来の知恵では、この必死の努力さえ地球上の全種類のゴキブリを滅ぼすことはできないかもしれないということになる。研究所の実験結果から得られたデータは、ゴキブリはかなりの規模の核爆発に耐えることができるだろうという考えを裏づけている。

生物が耐えることができる放射能の基本単位は、放射線量あるいはラド――放射能の別の単位レントゲンにほぼ等しい――である。およそ三〇〇ラドの放射線量を吸収した人間は、細胞レベルでいくらか損傷を受けるだろう。もっと高い量（四〇〇から一〇〇〇ラド）を二、三週間以上かけて受ければ死に至ることになる。

コクラン博士とロス博士が一九六〇年代初期に進めた実験によって、チャバネゴキブリの成虫と幼

> ローデシア＝ニンサランド連邦の私の地元患者の一人は、あえてゴキブリに自分の小屋を明け渡し、いつも野外で寝ていた。患者はゴキブリのために小屋に餌を置き、安らかに外で寝ていた――「イーストアフリカ・メディカル・ジャーナル」に掲載された、D・V・モイサーの「ハンセン（癩）病とゴキブリ」*Hansen's Disease* （*Leprosy*） *and Cockroach* （一九四七年）より。

虫は六四〇〇ラドの放射線量を生き抜くことができることが明らかになった。これらの実験例のうちのいくつかは、もっと高い放射線量にさえ耐えることができ、三五日かけて九六〇〇ラドを照射されてから死んだ。そのような放射能に対する高い耐性があれば、ゴキブリは広島の原爆――爆心地から約二〇キロのところにいた人が総計約一二〇〇ラドの放射線量をあびた爆発――を生き抜くことができただろう。

それを聞けば、わずかの宿命論者はゴキブリや、昆虫がいつか地球を引き継ぐと考えて元気になり、喜ぶだろう。もっとも、広島の荒廃は一五キロトンの爆弾――現在の一メガトンの爆弾の六六分の一の破壊力の爆弾――によって起こされたということがっかりするかもしれない。この新しい爆弾でさえ、相対的な規模で見れば取るに足らないものと考えられている。アメリカの核兵器庫には現在、九メガトンの爆弾がいくつもある。一九六一年に旧ソビエト連邦が行なった最大級の核兵器実験は、五八メガトンの爆発力があった。どんなにしっかりと身を守ったゴキブリでさえも、そのような強力な爆発によって生じた放射能に耐えることはできそうもない。

最近まとめられた予想によると、大規模な核戦争が、立ち直りの早い生命体以外のすべての生物の命運を断つだろうと言われている。この大火災の第一段階では、何百という大量の核兵器が一瞬の内に爆発する。一万メガトンの核攻撃によって平均一万ラド以上の放射能レベルが北アメリカ全土にもたらされるだろう。哺乳類は全滅し、爬虫類、両生類、鳥類、昆虫類の大部分も死ぬだろう。

ゴキブリは日中は隠れる習性があるので、何匹かは、初期の放射線からは免れるかもしれない。しかし、ゴキブリは一つの死を招く状況から逃れられても、気がつくとすぐもう一つの状況に直面することになる。森林の大火災から発生したすすと煙の厚い雲だ。この雲は太陽の光をすべて遮断し、世界中で気温の急激な低下を招く。概算すると、気温は平均して氷点よりずっと低くなり、生命を終わらせる一〇年間の核の冬が始まる。二、三〇年後にそのような状況に耐えることができたゴキブリも、世界の食料危機という究極の克服できない壁に直面することになる。

手短にいえば、人間は確かに、ゴキブリを、その他の動植物すべてと共に全滅させる能力を持っている。もし人間の悪意に満ちた破壊の道具に大胆にも立ち向かう生物がいるとしたら、それはバクテリア、ウイルス、藻類といったわずかな原始的な種の生物だろう――それらのすべては一万ラド以上の放射線量に耐えることができる。

しかし、地球の進化の歴史が同じことを繰り返さないか、あるいは、これらの世界の終末前の過去のわずかの生き残りが何十億年もかけて進化し、ますます複雑になって、ついにはより高度な生命体が現れる状況になるのか、誰にもわからない。この新しく復興したばかりの世界に現れる最初の陸上生物がゴキブリ――地球上でいちばん昔から存在し、いちばん成功を収めた生物の部類――のようなものである可能性は高い。

訳者あとがき

本書は David George Gordon, *The Compleat Cockroach—A Comprehensive Guide to the Most Despised (and Least Understood) Creature on Earth*, 10 Speed Press, 1996 を訳したものである。なお、文中〔 〕でくくった部分は、訳者による補足である。著者のゴードンは、北アメリカの自然についてのガイドを書き、また動物園や水族館のアドバイザーもしている生物学者である。本書もゴキブリという、原書の副題にあるように、「地上で最も嫌われる（しかもほとんど理解されていない）生物」についてのガイドである。

もちろん「大全」と言うからには、生物学の対象としてのゴキブリだけではないし、また駆除の対象としてのゴキブリだけではない。それらが扱われるのは当然として、論じられる範囲には、ゴキブリに相当する英語、コックローチの意外な語源も入る（日本語のゴキブリは、どうやら「食器をかじる」という意味の「ごきかぶり」、つまり御器齧りが「ごきぶり」とゴキされたことに由来するらしい。やはり意外な事情だし、そういう事情を気にする前にゴキブリはゴキブリとして拒否されているということでもある）。これをはじめとして、生活や文化とのかかわりなど、ゴキブリが様々な方面から取り上げられている。

ゴキブリは確かに嫌われている。しかし嫌われる度合いが高い分、人間の生活にとってもつ意味も大きくなる。人間は、ゴキブリの存在には無関心ではいられないのだ。嫌悪の対象であっても、まぎれもなく文学・芸術の素材となりうるだけの、穏やかならざる感情や想像を喚起する存在であり、ゴキブリ駆除剤のCMでは、不気味な、あるいは間抜けなキャラクターとして欠かせない。

そのゴキブリも、だんだん、かつてほどには見かけなくなったように思う。訳者の四歳になる娘は、その記憶の中ではゴキブリをまだ一度しか見たことがない。娘はその一度だけのゴキブリ体験を、ゴキブリという存在についてのレファランスにしている。ゴキブリとは、ある日、家の壁に忽然と現れたあの黒い虫、自分が見つけて「あれ何？」と聞くと、それがゴキブリだとわかったとたん、親が大騒ぎをした(すでに本書の訳にかかっていた訳者は、さすがに殺すことはできず、丁重に家の外に退去してもらった)、あの黒い虫のことなのだと理解している。だからゴキブリは恐れるべきものだということまで理解してしまっている(テレビのCMなどでゴキブリの社会的な意味に接しているせいもあるのだろう)。

ゴキブリのようなものを見えないところに遠ざけることが、「人間的な」快適さのしるしだということなのだろうし、それはある程度実現しつつあるわけだが、さて、実際に彼らが少なくなった暮らしは、果たして本当に幸福だろうか。もしかすると、人間が快適と思って暮らす環境は、三億年を生き延びたゴキブリにさえ暮らしがたいものになっているということなのかもしれない。

ただ、身近に見えなくなったからといって、ゴキブリがいなくなったということにはならない。さらに想像をたくましくすれば、三億年を生き延びたゴキブリのことだから、ひょっとすると、いくら餌が豊富にあって温度や湿度が適当でも、人間のような危ないことをする――単に目の前のゴキブリをスリッパで追いかけるだけにはとどまらないような意味で――生物のそばにいては危険だということとを、彼らが察知しているということなのかもしれない。人間がその環境で自滅するのを見越して、少し離れたところに潜んでいるということで、ゴキブリをばったり見かけなくなったとき、実は人間が危機に瀕している……そう思うと、その方がむしろ恐いではないか。やっつけてもやっつけても気がつくとそこにいるという状態の方が、むしろ望ましい環境なのではないか。

本書の翻訳は、青土社の清水康雄氏のすすめによって手がけることになった。訳出にあたっては、バベル翻訳外語学院名古屋校の浅井直行氏の協力を得て、同校の出身・在籍者である、江口華苗、鎌手美弥子、田島一伸、長表和歌、堀田佳代の各氏に下訳をしてもらったものに、松浦が手を加えて訳稿とした。また出版の実務は、青土社編集部の山本充氏に見てもらい、装丁は高麗隆彦氏にお願いした。記して感謝したい。

なお、嫌悪されるだけポピュラーなゴキブリを扱った本は、日本でもいくつか出ているが、入手しやすいものとして、安富和男『ゴキブリ三億年のひみつ』(講談社ブルーバックス)と、同氏の編になる『ゴキブリのはなし』(技報堂出版)を挙げておく。これらの本(さらにそこに挙げられている参考文献)や本書を手がかりに、ゴキブリが好きになるとまでは行かなくても(訳者もまだ好きにはなっていない)、ゴキブリとのかかわり方が、できるだけ姿を見ないようにするために、毒薬をまき散らしたりゴキブリホイホイを仕掛けたりして安心するだけではないものになればいいと思う。けだし、衛生的にすることと、不潔のシンボルとしてのゴキブリの消滅を願うこととは別なのだ。

一九九九年一月

松浦俊輔

新装版への訳者あとがき

初版刊行から一五年を経て、新装版を出してもらうことになった。その一五年のあいだに、ゴキブリの姿はますます見かけなくなった。初版のあとがきに書いた、この本を訳していた頃にゴキブリとの初遭遇を果たした子どもも先日、ひとまず巣立って行ったところだが、その間、集合住宅の四階にある自宅でゴキブリを見たのは、数えるほどの回数しかない。たぶんこの子はゴキブリを、怖い、汚い、いや！というより、珍しい存在と思って育ったはずだ。巣立った先にはぞろぞろ出るとも聞いていないので、見つかりにくいところでカサコソうごめいているのかもしれないが、殺虫剤でも死なないという伝説まであったゴキブリにしても、各社が繰り出す専用の対策を受けて、住みにくい区域は増えているのだろう。「蠅取り」は夏の季語とのことだが、蠅取り（リボン）を知る人も少なくなりつつある。さしものゴキブリも（これも季語としては夏に入るそうだ）、同様の運命をたどるのだろうか。

「伝説」と言ったが、本書はそういう伝説を検証した本でもあった。ゴキブリの実像・虚像を、昆虫としての記述だけでなく、ゴキブリとつきあってきた人間の文化にいたるまで、様々な方面から取り上げ、親しみを感じてもらうまでは行かなくても、ずっと一緒にいる存在として認識してもらおうというところが本書の値打ちである。新装版によって、その効果が浸透することを願っている。

一方、最近では『テラフォーマーズ』（貴家悠・作、橘賢一・画）のように人型ゴキブリが活躍するコミックが人気になっていたりするので、本書の著者ゴードンが意図するように、ゴキブリはただの嫌われ者ではすまなくなっているというふうにも思える。訳者自身にとっては、「もう一つの」ゴキブリのイメージとして、本書より前からある、いしいひさいちの漫画の登場「人物」としてのゴキブリがいる。これは、どこかに潜んでいてときどき現れてくる恐怖の対象としてのゴキブリを、「そう思われているゴキブリ」の側から描いたものだ。こうしたゴキブリは（もしかするとハエも）――今なお、さかんなCMからすると、まだまだ遠い先の話かもしれないが――実体は生活から遠くなったとしても、何かのシンボルとして（姿は見えなくても気配として?）、やはり人間の身近にいつづけることになるということだろうか。いずれの方面でも、ゴキブリの持続的な生命力を考えると、ゴキブリを取り上げた本書のような本にも、その生命力は引き継がれているということなのだろう。

著者のゴードンは、最近は「昆虫食」の本を出すなどして活躍中とのこと。なるほど。人は増えても耕作地は逆に減りそうな趨勢にあっては、食糧不足は遠い未来の話ではなさそうだ。そうなると食材としては今のところ比較的マイナーな昆虫も、有望な食糧源として開発せざるをえなくなりつつあるのは確かだろう。訳者はアドラー『広い宇宙に人類が生き残っていないかもしれない物理学の理由』（青土社）という訳書（実はこの本でも、人間型ゴキブリは出てこなくても、「テラフォーミング」―や、宇宙へ進出するためには人間が姿形を変えなければならないという可能性の話も出てくる）のあとがきに、新しい技術が成立し、定着するときにいちばん必要なインフラは、人間がそれを受け入れる気持ち（それに慣れること）ではないかというようなことを書いたことがあるが、昆虫食は（本書を出している以上、あえて言えば「ゴキブリ食」の可能性も含めて）、それを受け入れる心というインフラを整備する必要があるだろうし、著者の活躍はそういう方面での地ならしということになるかもしれない。

装幀は今回も高麗隆彦氏に担当していただいた。初版のレリーフは反響を呼んだ傑作だったし、今回もそれを生かしてくださり、訳者としてはうれしく思っている。併せて新装版の作業に当たってくれた青土社書籍編集部の水木康文氏をはじめ、関係の方々にお礼を申し上げたい。

二〇一四年七月

松浦俊輔

参考資料

昆虫関係書

Borror, Donald J., Triplehorn, Charles A., and Johnson, Norman F., *An Introduction to the Study of Insects* (New York : Harcourt Brace & Company, 1992).

*Evans, Howard E., *Life on a Little-Known Planet* (New York : Dutton, 1968).〔日高敏隆訳『虫の惑星』早川書房（ハヤカワ文庫ＮＦに二分冊で収録〕

Imes, Rick, *The Practical Entomologist* (New York : Fireside Books/Simon and Schuster Inc., 1994).

〔*エリオット『キャッツ――ポッサムおじさんの猫とつき合う法』（池田雅之訳、ちくま文庫）
*フリッシュ『十二の小さな仲間たち――身近な虫の生活誌』（桑原万寿太郎訳、思索社）〕

ゴキブリ関係書（ノンフィクション）

P. B. Cornwell, *The American Cockroach : A Laboratory Insect and an Industrial Pest* (London : Hutchinson of London, 1976).

Gurthrie, D. M., and Tindall, A. R., *Biology of the Cockroach* (New York : St. Martin's Press, 1968).

Roth, Louis M., and Willis, Edwin R., *The Biotic Associations of Cockroaches* (Washington : Smithsonian Miscellaneous Collections, volume 141, 1960).

Bell, W. J., and Adiyodi, K. G. (editors), *The American Cockroach* (London, New York : Chapman and Hall, 1981).

Rust, Michael K., Owens, John M., and Reierson, Donald A. (editors) *Understanding and Controlling the German Cockroach* (New York, Oxford : Oxford University Press, 1995).

ゴキブリ関係書（フィクション）

Harington, Donald, *The Cockroaches of Stay More* (New York : Harcourt Brace Jovanovich, 1989).

Marquis, Don, *the lives and times of archy and mehitabel* (New York : Doubleday & Company, Inc., 1940).

Weiss, Daniel Evan, *The Roaches Have No King* (London, New York : High Risk Books, 1994).

インターネット

Blattodea Culture Group home page――http : // *www. ex. ac. uk/ ～ gjlramel/bcg. html* Liberty (New Jersey) Science Center's "Yuckiest Site on the Inrernet"――http : // *www. nj. com/yucky/roaches/index. html*

ゴキブリのいるところ

博物館

ゴキブリの殿堂

Cockroach Hall of Fame

The Pest Shop, Inc.
2231-B West 15th Street
Plano, TX 75075
(972-519-0355)
http : // *www. pestshop. com*

フィラデルフィア昆虫館
The Insectarium
8046 Franklin Avenue
Philadelphia, PA 19136
(215-338-3000)
http : // *www. insectarium. com*

メイ熱帯自然史博物館
May Natural History Museum of the Tropics
710 Rock Creek Canyon
Colorado Springs, CO 80926
(719-576-0450)

ダラス博物館
Dallas Museum of Natural History
P. O. Box 150349
Dallas, TX 75315-0349
(214-421-3466)
http : // *www. dallasdino. org*

ロサンジェルス博物館ラルフ・パーソン昆虫動物園
Ralph Parsons Insect Zoo
Natural History Museum of Los Angeles County
900 Exposition Blvd
Los Angeles, CA 90007
(213-763-3558)
http : // *www. lam. mus. ca. us/education/insect~zoo/index. html*

国立自然史博物館オットー・オーキン昆虫動物園
Otto Orkin Insect Zoo
MRC 158, Smithsonian Institution
Washington DC 20560
(202-357-2700)
http : // *www. nmnh. si. edu/VirtualTour/Tour/Second/InsectZoo/index. html*

動物園

シンシナティ動物園昆虫館
Cincinnati Zoo Insectarium
3400 Vine Street
Cincinnati, OH 45220
(513-281-4700)
http : // *www. cincyzoo. org*

フォートワース動物園
Fort Worth Zoological Park Insectarium
2727 zoological Park Drive
Fort Worth, TX 76110-1787
(817-871-7050)

http : // *www. rwnet. com/FWZoo*

モントリオール昆虫館
L'Insectarium de Montréal
4581 Rue Sherbrooke Est
Motreal, Quebec, Canada
(514-872-0663)
http : // *www. chin. gc. ca/Exhibitions/Canadiana/Enhigh/content/institut/*13*/mushome. htm*

ロンドン動物園昆虫館
London Zoological Gardens Insect House
London Zoo, Regents Park
London, England
(071-722-3333)

ウッドランド・パーク動物園バグ・ワールド
Woodland Park Zoological Gardens
5500 Phinney Avenue North
Seattle, WA 98103
(206-684-4880)
http : // *www. zoo. org*

捕まえ、買い、交換する

生きた標本
Blattodea Culture Group
c/o A. C. Barlow
71 Lower Ford Street,
Coventry CV1 59S, United Kingdom

Carolina Biological Supply Company
2700 York Road
Burlington, NC 27215
(326-584-0381)
http : // *wwwl. carolina. com*

Connecticut Valley Biological
P. O. Box 326
Southampton, MA 01073
(800-628-7748)

収集・飼育用品
BioQuip Products, Inc.
17803 LasSalle Avenue
Gardena, CA 90248
(213-324-0620)

Wards Natural Science Establishment
P. O. Box 92912
Rochester, NY 14623
(800-962-2660)

ゴムのゴキブリ他、ゴキブリ・グッズあれこれ
Archie McPhee

P. O. Box 30852
Seattle, WA 98103
(425-745-0711)
http : // *www. mcphee. com*

Young Entomologist's society, Inc.
1915 Peggy Place
Lansing, MI 48910-2553
(517-887-0499)

Handpuppet available from :
Puppets on the pier.
(800) 443-4463
http : // *www. americandreams. com/puppets*

ゴキブリ服
Foam Domes
5335 Starview Lane
Prior Lake, MN 55372-9600
(612) 447-0906

ゴキブリ駆除

できるだけ毒性の少ない選択肢
Bio-Integral Resources Center
P. O. Box 7414.
Berkeley, CA 94707
(510-524-2567)

North American Hedgehog Association
P. O. Box 122, Nogal
New Mexico 88341

Sure-Fire Products
213 SW Columbia Street
Bend, OR 97702
(541-388-3688)

もっときついものを使う
National Pest Control Association
8100 Oak Street
Dunn Loring, VA 22027
(703-573-8330)

ま行

や行

ら行

わ行

学名

な行

は行

さ行

た行

索引

あ行

か行

ゴキブリ大全（新装版）

2014年8月25日　第1刷印刷
2014年9月10日　第1刷発行

著者———デヴィッド・ジョージ・ゴードン
訳者———松浦俊輔

発行者——清水一人
発行所——青土社
東京都千代田区神田神保町1－29 市瀬ビル 〒101-0051
［電話］03-3291-9831（編集） 03-3294-7829（営業）
［振替］00190-7-192955
印刷所——ディグ（本文）
方英社（カバー・扉・表紙）
製本所——小泉製本

装幀———高麗隆彦

ISBN978-4-7917-6814-1　　Printed in Japan